KB260619

Handmade Christmas

쉽고 간단하게 만드는 행복한 크리스마스의 모든 것

Handmade Christmas

핸드메이드 크리스마스

별빛책방

First published in 2015 in the United Kingdom
under the title Handmade Christmas
by CICO Books
an imprint of Ryland Peters & Small Limited
20-21 Jockey's Fields
London WC1R 4BW

Text © Emma Hardy, Annie Rigg, Laura Tabor, Mia Underwood, Cathrine
Woram, and Clare Youngs
Design and photographs © CICO Books 2015

Korean Translation Copyright © 2015 by Cassiopeia Publisher.
Korean edition is published by arrangement with Ryland,
Peters & Small Limited through BC Agency, Seoul.

이 책의 한국어 판 저작권은 BC 에이전시를 통한
저작권자와의 독점 계약으로 카시오페아에 있습니다. 저작권법에 의해
한국 내에서 보호를 받는 저작물이므로 무단전재와 복제를 금합니다.

목차

들어가는 글

집을 장식하는 일부터 친구와 가족을 위한 정성 어린 선물 만들기까지
크리스마스는 당신이 지닌 모든 기술을 마음껏 발휘하기에 딱 좋은 시기이다.
선물이나 카드를 손으로 직접 만드는 일은 재미있을 뿐 아니라
당신이 그들을 얼마나 소중하게 생각하는지를 보여준다.

이 책에서 소개한 집 장식을 위한 작품에는 간단한 크리스마스 달력과 포일로 만든
포크아트 캔들 홀더, 저녁 식사 테이블을 위한 크래커, 근사한 진저브레드 하우스 등이 있다.
크리스마스트리는 크리스마스의 중심으로 직접 만든 트리 오너먼트는 머지않아 집안의 가보가 될 것이다.
종이 술이 달린 트리 장식과 새 모양 틴 클립, 펠트로 만든 눈꽃 갈런드 등에서
골라 트리를 꾸며보도록 하자. 카드와 선물 포장을 위한 여러 작품과 함께 태그와 선물 상자,
선물 주머니를 위한 아이디어도 실었다.

직접 만든 선물은 언제나 환영받기 마련이다. 이 책에는 크리스마스 쿠키와 초콜릿 동전,
레브쿠헨을 만들 수 있는 간단한 레시피를 실었다. 바느질을 즐긴다면 꽃신이나
순록 쿠션에 도전해보자. 아이들이 만들기에 적합한 작품도 많으므로 종이 눈꽃과
폼폼 장식, 감자 스탬프 선물 포장, 스노우 글로브 등에서 고르도록 한다.

베이킹을 좋아하든, 바느질이나 종이 공예를 좋아하든,
혹은 이 모든 것을 좋아하지 않거나 잘하지 못하더라도
이 책에는 당신을 만족시킬 크리스마스 아이디어가
가득할 것이다.

chapter 1

장식품

크리스마스 달력

전통적으로 크리스마스 달력은 두꺼운 종이에 작은 창문들을 달아 매일 하나씩 열면 그림이 나타나도록 만든다. 집 모양으로 만든 매력적인 이 달력은 해마다 사용할 수 있으며 받는 사람의 연령과 기호에 맞게 변형하여 만들 수도 있다. 작은 주머니들을 직접 고른 선물로 채워보자. 선물이 거창할 필요는 없다. 포장한 사탕, 작은 장식이나 선물, 그림, 편지면 된다. 이것만 있으면 크리스마스를 손꼽아 기다리는 일이 매우 특별해진다.

재료

트레이싱지나 카드지, 연필, 자,
44 x 64cm 크기의 두꺼운 면
원단이나 캔버스, 가위,
약 30 x 45cm 크기의 크림색 펠트,
기화성 펜, 재봉틀,
캔버스와 바느질용 실에 어울리는
빨간색 면사 시침핀,
걸 수 있는 고리를 만들 18cm 길이의 리본

1 앞판과 뒤판의 본을 만들기 위해 111쪽의 지붕 모양을 본뜬다. 지붕 꼭대기로부터 64cm가 되도록 점선을 연장한다. 마주 보는 옆선도 동일한 길이까지 연장한다. 양끝을 연결하는 선을 그어 직사각형의 밑변을 만든다. 캔버스를 반으로 접은 뒤 접은 선에 점선을 맞추어 본을 올려놓는다. 집 모양을 잘라낸 다음 같은 과정을 반복하여 동일한 모양을 2장 만든다. 본을 이용하여 펠트로 창문이 될 5×4.5cm 크기의 직사각형 24개와 문을 잘라낸다.

2 트레이싱지에 가리개(커튼) 모양을 본뜬다. 모양을 자른 뒤 24개의 직사각형에 기화성 펜으로 가리개를 그린다. 재봉틀을 이용하여 빨간색 실로 선을 따라 바느질한다.

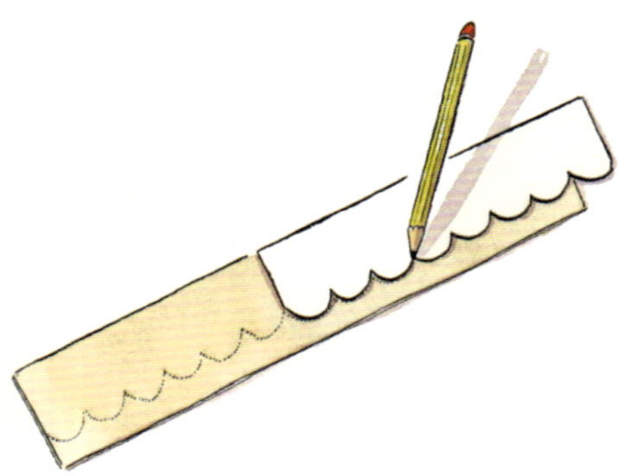

3 111쪽의 기와 모양을 본떠 트레이싱지나 카드지에 옮긴 다음 잘라낸다. 펠트에 올려 놓고 따라 그려 지붕의 기와가 될 부분을 각각 32cm, 24cm, 18cm, 11cm 길이로 4장 만든다. 필요한 길이가 나오도록 본을 가로로 이동시켜가며 그린다.

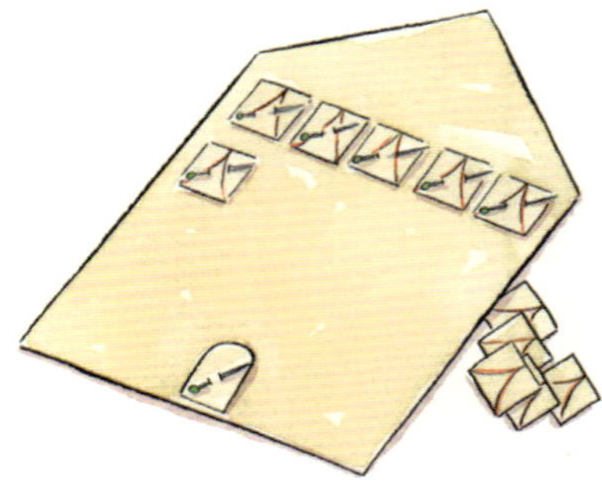

4 아랫변에서 13mm 올라온 지점 중앙에 시침핀으로 문을 고정한다. 다음으로 창문을 다섯줄로 배치한다. 먼저 맨 윗줄에 창문을 5개 배치하는데 창문 아래쪽 가장자리가 집 아랫변으로부터 27cm 떨어져야 한다. 양쪽 옆선에 2.5cm를 남기고 창문을 고르게 배치한다. 시침핀으로 고정한다. 나머지 4줄도 고르게 배치하는데 맨 마지막 줄에 있는 창문 4개의 아래쪽 가장자리가 집 아랫변으로부터 4cm 떨어지게 하여 마무리한다.

5 어울리는 실로 각 창문의 양 옆선과 아랫변을 재봉틀로 박아 주머니를 만든다. 가장자리에 바짝 붙여 바느질한다. 재봉틀로 문을 다는 데 위쪽 곡선은 바느질을 하지 않고 남겨 주머니를 만든다.

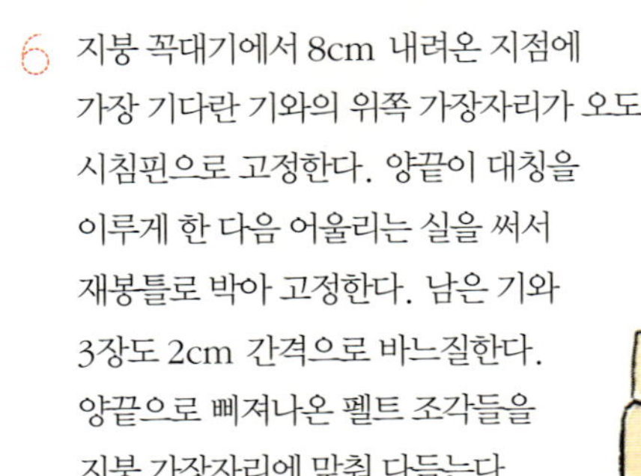

6 지붕 꼭대기에서 8cm 내려온 지점에 가장 기다란 기와의 위쪽 가장자리가 오도록 시침핀으로 고정한다. 양끝이 대칭을 이루게 한 다음 어울리는 실을 써서 재봉틀로 박아 고정한다. 남은 기와 3장도 2cm 간격으로 바느질한다. 양끝으로 삐져나온 펠트 조각들을 지붕 가장자리에 맞춰 다듬는다.

7 집의 앞판과 뒤판을 겉면끼리 마주보도록 포개어 시침핀으로 고정한다. 리본을 반으로 접은 뒤 고리 부분을 아래로 향하게 하여 지붕 꼭대기의 두 원단 사이에 끼운다. 리본 끝을 튀어나오게 한 상태에서 시침핀으로 고정한다. 시접을 1cm로 하여 양 옆선과 지붕을 꿰매고 아랫변은 남겨둔다.

날짜 넣기

남은 날짜를 손꼽아 세려면 포장한 선물이나 주머니에 날짜를 표시해야 한다. 숫자 스탬프나 스티커는 포장한 선물을 장식하기에 좋고, 각 창문에 직접 수를 놓거나 원단을 잘라 만든 숫자를 꿰매어 다는 방법도 있다. 아이들이 알아맞힐 수 있도록 날짜를 표시한 선물들을 뒤섞어놓는다.

8 겉면이 바깥으로 나오도록 뒤집는다. 아랫변을 13mm 크기로 접어 넣어 시침핀으로 고정한 뒤 가장자리를 따라 상침질을 하여 마무리한다.

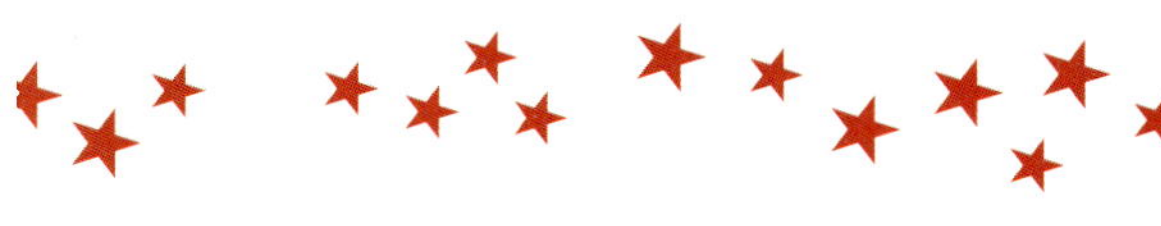

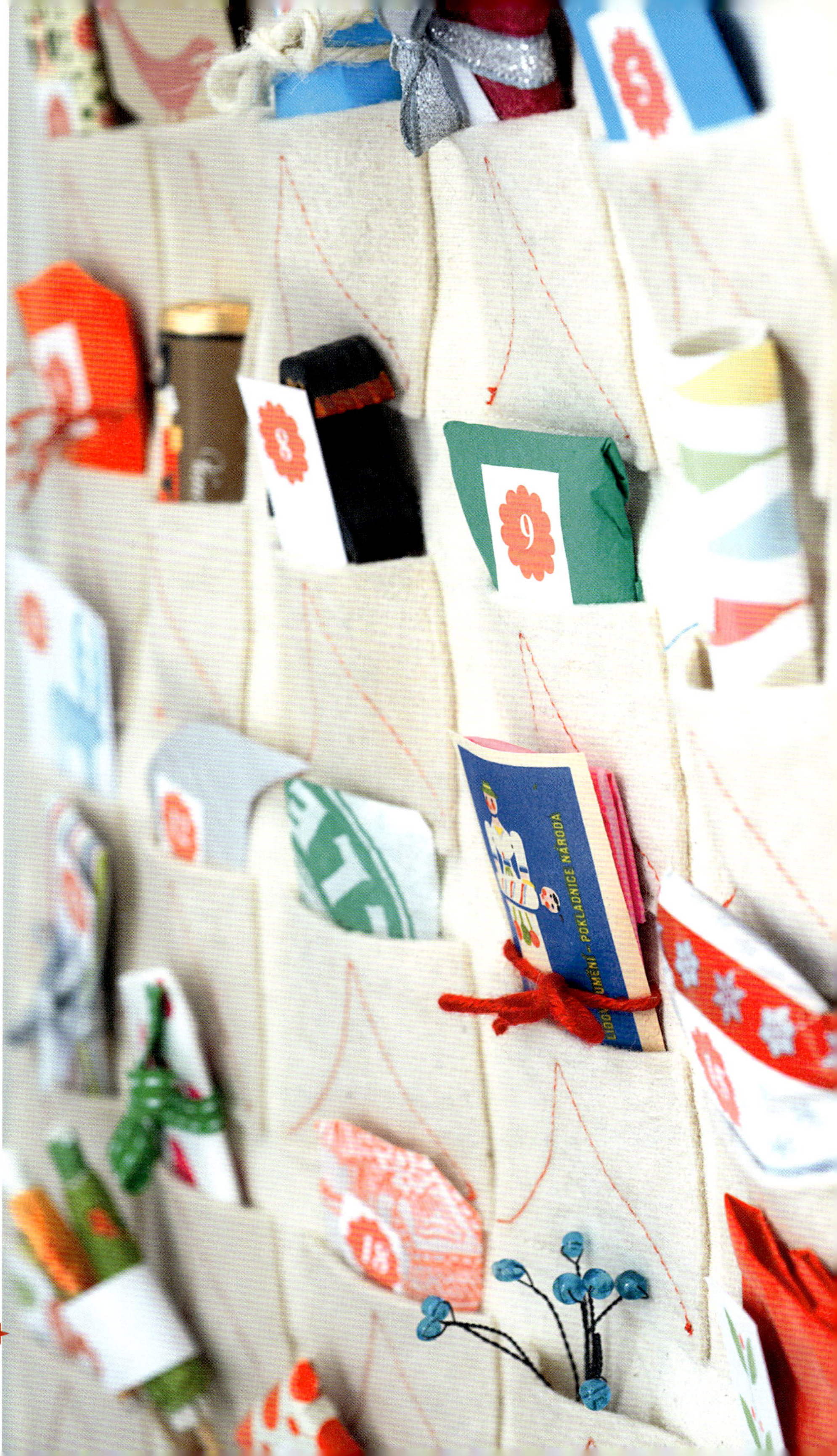

아이와 함께 : 진저브레드 하우스

진저브레드 하우스는 크리스마스를 가장 잘 표현해주는 장식품으로
동화 속에서 바로 튀어나온 것 같은 집 모양의 케이크이다.
어떤 종류의 사탕이든 원하는 만큼 사용하여 케이크를 꾸밀 수 있으므로
상상력을 마음껏 펼쳐보자. 레시피 분량대로 과자를 두 차례 구워야
한다는 점에 주의한다.

재료 이 분량으로 두 차례 굽는다. (12인분)

다용도(일반) 밀가루 3컵(375g) 및 작업대에 뿌릴 분량, 베이킹파우더 ½작은술,
베이킹소다(중탄산소다) 1작은술, 생강가루 3작은술, 시나몬가루 ½작은술,
정향가루와 올스파이스가루 각각 ¼작은술, 소금 약간,
실온에 둔 무염 버터 ½컵(125g), 머스코바도 흑설탕 ⅓컵(75g),
가볍게 푼 달걀 1개, 옥수수 시럽 ⅓컵(100ml),
로열 아이싱 슈거 2~3컵(350~500g), 여러 종류의 사탕

도구

커다란 베이킹용 양피지, 연필, 금속 자,
안쪽에 베이킹용 양피지를 댄 단단한
베이킹 팬 3개, 일반 깍지를 끼운 짤주머니

1 밀가루와 베이킹파우더, 베이킹소다
(중탄산소다), 생강, 시나몬, 정향,
올스파이스, 소금을 모두 함께 체에 쳐
믹싱 볼에 담은 뒤 옆으로 치워둔다.

2 버터와 머스코바도 설탕을 전기 믹서의 볼에
담고(혹은 커다란 볼과 전기 거품기를
이용하여) 거품처럼 될 때까지 한데 섞는다.

3 풀어놓은 달걀과 옥수수 시럽(혹은 당밀)을
넣고 부드러워질 때까지 섞는다. 체에 쳐둔
마른 재료들을 넣고 부드러워질 때까지
더 섞는다.

8

9

4 깨끗한 작업대에 밀가루를 약간 뿌린다. 반죽을 공 모양으로 빚어 작업대에 올려놓은 다음 눌러서 납작하게 만드는데 수시로 다시 둥글게 빚어준다. 1분 동안 이 작업을 한 뒤 반죽을 동글납작하게 눌러 비닐 랩을 씌우고 굳을 때까지 두 시간 가량 식힌다.

5 1~4번 과정을 반복하여 두 번째 반죽을 만든다.

6 집을 구울 준비가 되면 오븐을 180℃로 예열한다.

7 벽과 지붕을 만들려면 종이 본을 준비해야 한다. 커다란 베이킹용 양피지에 지붕이 될 20×11cm 크기의 직사각형을 그린다. 다른 종이에 앞쪽과 뒤쪽 벽이 될 19×10cm 크기의 직사각형을 그린다. 옆면을 위한 본도 필요한데 한 변이 10cm인 정사각형 위에 높이가 4cm인 삼각형을 올려놓은 형태로 그린다.

8 작업대에 밀가루를 조금 더 뿌린다. 밀대로 반죽을 약 3~4mm 두께로 민다. 종이 본을 이용하여 지붕 2장과 커다란 벽 2장, 옆면 2장을 잘라낸다. 베이킹용 양피지를 자를 때 어느 부분인지를 적어놓으면 찾기가 더 쉽다.

9 준비한 베이킹 팬에 반죽을 늘어놓는다. 원한다면 벽과 옆면에서 조심스럽게 창문을 잘라낸다. 남은 반죽을 모아 살짝 치대 둥글게 뭉친 다음 다시 밀대로 밀어 원하는 쿠키 모양을 찍어낸다.

10 단단해지면서 가장자리가 갈색으로 변하기 시작할 때까지 진저브레드를 오븐의 가운데 선반에서 10~15분가량 굽는다. 여러 차례 나누어 구워야 한다. 오븐에서 꺼내 완전히 식힌다.

11 포장의 지시에 따라 로열 아이싱 슈거로
아이싱을 만든다. 짰을 때 모양이 그대로
유지될 만큼 뻑뻑해야하므로 알맞은
농도가 될 때까지 물을 조금씩 추가한다.
짤주머니에 아이싱을 채운다.
다음 순서부터는 도와줄 사람이 필요하다!

12 집의 옆면이 될 조각의 아랫변과 한쪽 옆선
(위쪽의 사선 부분은 포함하지 않고 수직선
까지만)을 따라 아이싱을 짠다. 쟁반이나
접시 위에 세운다. 큰 벽면의 아랫변과
양 옆선을 따라 아이싱을 짠다. 앞서 세운
옆면의 아이싱을 바른 쪽에 정확하게 각도를
맞추어 세운다. 두 번째 벽면의 아랫변과
양 옆선에 아이싱을 짠다. 첫 번째 벽과
마주 보는 위치에 옆면과 각도를 맞추어
세운다. 남아있는 옆면도 같은 과정을
반복하여 세운다. 아이싱이 굳을 때까지
집 내부에 캔이나 병을 세워두면 벽을
고정하기가 더 쉽다.

13 집을 꾸미기 위해 지붕에 로열 아이싱으로
무늬를 만들고 사탕을 골라 장식한다.
창문과 문 테두리는 물론 집 아래쪽
가장자리를 따라 아이싱을 짜고
기호에 따라 사탕으로 장식한다.

14 벽들이 단단히 자리 잡으면 지붕을 올릴 수
있다. 옆면의 사선을 따라 아이싱을 짜고
지붕을 양쪽에 하나씩 올린다. 지붕 꼭대기
를 따라 아이싱을 짠다. 아이싱이 단단하게
느껴질 때까지 지붕을 잡고 있다가 남은
사탕으로 지붕마루를 장식한다.

크리스마스 양말

크리스마스 양말 걸기는 모든 어린이들이 고대하는 전통이다.
크리스마스 날 아침이면 선물로 불룩해지는 빨간색과 흰색의 이 양말들은
집안의 가보가 될 만큼 특별하다. 이 책에서 만드는 법을 소개한 양말은
아플리케와 자수를 활용한 순록 양말이다. 눈꽃과 하트 디자인의 양말을
만들려면 자수 부분은 113쪽의 도안을 참고하고 양말은 다음
만드는 법을 따라 완성하도록 한다.

재료 (순록 양말용)

한 변이 60cm인 정사각형의 빨간색 펠트
혹은 모직 원단, 연필, 가위, 18 x 24cm
크기의 아플리케용 크림색 펠트, 시침핀,
자수용 바늘, 빨간색과 흰색 수실, 검은색과
흰색이 섞인 4cm 너비의 줄무늬 리본 45cm,
어울리는 실을 끼운 재봉틀, 걸이용 고리를
만들 크림색 면 테이프나 끈 18cm

1 112~113쪽의 양말 본을 2배 확대한다. 빨간색 원단에
  본을 떠 양말의 앞판과 뒤판을 잘라낸다.

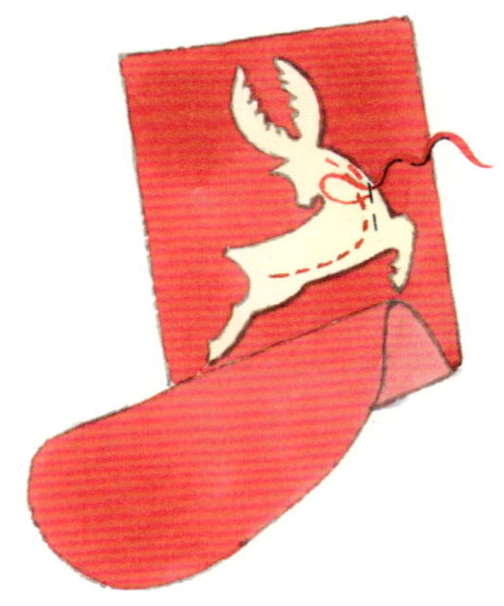

2 112~113쪽의 순록 본을 2배 확대한다.
  크림색 펠트에 본을 떠 잘라낸다. 순록을
  양말 앞판에 시침핀으로 고정한다.
  본에 표시된 자수 도안을 따라 순록에 수를
  놓는다. 수를 놓으면 펠트가 고정되므로
  따로 가장자리를 따라 꿰맬 필요가 없다.
  도안을 따라 러닝 스티치를 한다.

3 양말의 앞판과 뒤판을 겉면끼리 마주 보도록
  포갠다. 곡선이 시작하는 부분까지 뒤쪽
  솔기에 시침핀을 꽂는다. 양말을 펼친 다음
  겉면의 위쪽 가장자리를 따라 리본을
  1cm 정도 겹치도록 포개 핀으로 고정한다.
  재봉틀로 리본 아래쪽 가장자리에 바짝
  붙여 바느질을 해 리본을 양말에 부착한다.

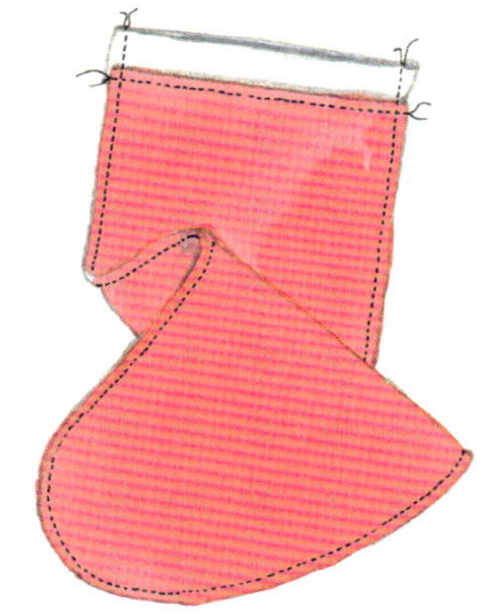

4 리본 양끝을 양말 옆선에 맞춰 다듬는다.
겉면끼리 마주보도록 양말을 다시 반으로
접은 다음 가장자리에서 1cm 떨어진
지점을 따라 모든 옆선을 재봉틀로 박는다.
시접을 5mm로 다듬은 다음 겉면이
바깥으로 나오도록 양말을 뒤집는다.

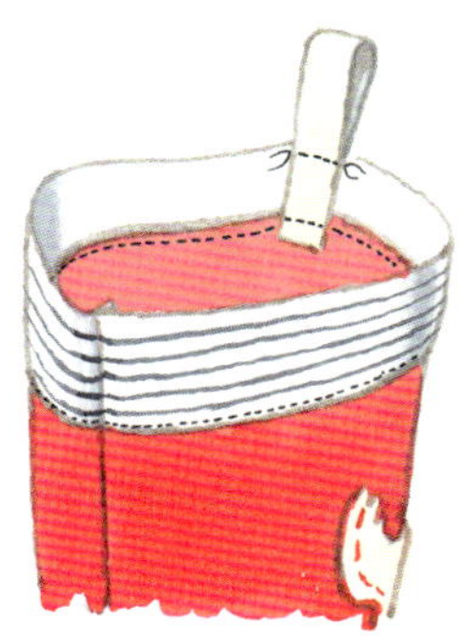

5 면 테이프나 끈을 반으로 접어 양말
뒤쪽 솔기의 맨 윗부분 안쪽에 시침핀으로
고정하는데 양말 위로 5cm 정도
튀어나오게 한다. 테이프 끝부분과
양말 위쪽 가장자리 바로 밑에 재봉틀로
지그재그 스티치를 하여 걸 수 있는
고리를 만든다. 다림질을 한다.

아이와 함께 : 종이 눈꽃

어렸을 때 종이 눈꽃을 만들어 어떤 모양이 되었는지 보려고 접었던
종이를 펼치던 기쁨을 기억하는가? 별것 없는 흰 종이 한 장에 몇 차례
가위질을 한 것뿐인데도 특별함이 가득하다. 창문에 한데 모아 걸어두면
매력적인 장식이 되며 크리스마스트리에 걸 수 있는 갈런드를
만들 수도 있다. 매우 쉬운 작품으로 누구나 만들기에 참여할 수 있다.
크리스마스 음악을 틀어놓고 아이들에게 직접 자르도록 해보자!

재료

흰색 A4용지, 트레이싱지, 연필, 가위, 딱풀, 실

1 종이의 왼쪽 아래 모서리를 오른쪽 옆선과
만나도록 접는다. 남는 직사각형 부분을
잘라낸다. 남은 부분을 이용하여 조그마한
눈꽃을 만들 작은 정사각형을 오려낼 수도
있다. 다양한 형태로 만들기 위해 서로
다른 크기의 정사각형을 여러 장 만든다.

2 삼각형을 반으로 접는다. 그런 다음 한 번 더
반으로 접는다.

3 트레이싱지와 연필을 이용하여 110쪽의
눈꽃 디자인을 삼각형으로 접은 종이에 본뜬다.
표시한 모양대로 자른다. 본을 이용하는
대신 마음대로 오려내 눈꽃을 모두 다른
모양으로 만들어도 좋다.

4 접은 종이를 펼쳐 눈꽃을 완성한다.

5 겨울 느낌의 창문 장식을 위해 눈꽃들을
풀로 나란히 붙여 갈런드를 만들거나 실로
한데 엮어 서로 다른 높이로 매단다.

틴 캔들 홀더

이 독특한 양초 장식은 틴 제품을 만드는 멕시코의 민속 예술을 바탕으로 한다. 만들기가 쉽고 금세 매력적인 결과물을 얻을 수 있어 매우 만족스러운 작품이다. 공예용품점에서 얇은 틴이나 포일을 구입할 수도 있고 할인점에서 쉽게 구할 수 있는 은박 접시를 활용할 수도 있다. 이 캔들 홀더를 크리스마스 테이블에 올려두면 훌륭한 장식이 되며, 양말을 나란히 걸어둔 벽난로 위에 늘어놓아도 좋다.

재료

트레이싱지, 연필, 가위,
약 21 x 25cm 크기의 두꺼운 포일 2장
(공예용품점에서 구입하거나 일회용의
구이용 은박 접시를 활용한다),
오래된 볼펜, 양초 3개,
강력 양면테이프나 접착제,
양초를 세워둘 금속 미니 타르트 팬 3개
(작은 유리 캔들 홀더를 써도 좋지만
무엇을 사용하든 안정감이 있어야 한다)

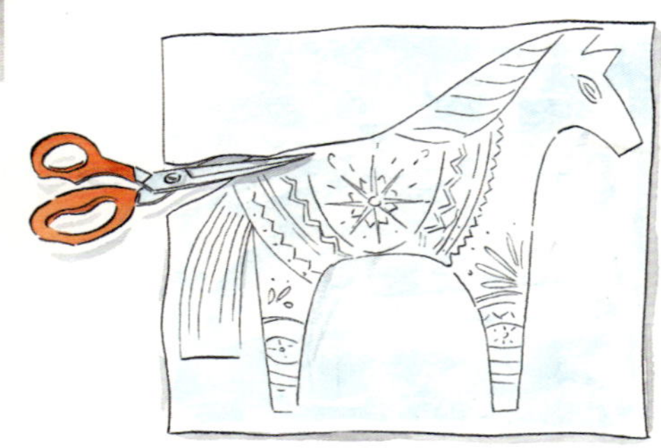

1 110쪽의 본과 문양을 확대하여 트레이싱지에 본뜬 뒤 말 모양을 잘라낸다.

2 본을 포일에 올려놓는다. 볼펜으로 테두리를 따라 그린다. 잉크를 다 쓴 오래된 볼펜이 이상적이다. 선명하게 자국이 남도록 꾹꾹 누른다 (신문지나 잡지에 포일을 올려놓으면 자국이 깊게 남아 좋다). 말 모양을 잘라낸다. 포일 가장자리가 날카로우므로 조심해야하며 가위 날이 쉽게 무뎌질 수 있으므로 품질 좋은 원단용 가위는 사용하지 않는다.

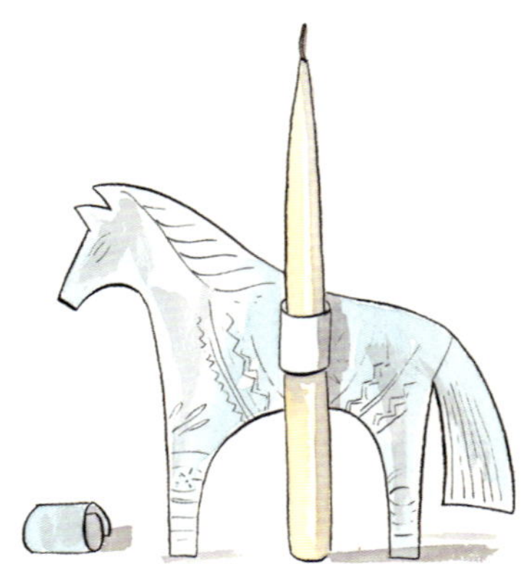

3 본뜬 트레이싱지를 포일 말에 올려놓고 볼펜으로 꾹꾹 눌러가며 선을 따라 그려 문양을 옮긴다.

4 말을 양초 옆에 세운다. 약 2cm 너비로 포일 한 조각을 길게 자른다. 고리 모양으로 구부린 포일 조각을 양면테이프나 접착제로 말 뒷면에 붙이는데 고리가 양초 둘레에 꼭 맞으면서 말과 양초의 바닥이 나란해지게 한다.

5 110쪽의 본으로 1~4번 과정을 반복하여 하트 모양과 원형 장식을 만든다. 장식한 양초를 타르트 팬이나 홀더에 세운다. 동일한 과정을 반복하여 캔들 홀더를 2개 더 만든다.

크리스마스트리 장식

이 우아한 트리 오너먼트는 크리스마스 때 만들기에 매우 좋다.
예쁘고 독특한 장식이 되도록 은색과 흰색으로 칠한 잔가지에
걸어두거나 크리스마스트리에 매달자.

재료

오래된 책장 몇 쪽(종이가 두꺼운 책을 찾아본다), 커팅매트, 공예용 칼, 연필, 자, 딱풀이나
접착제, 제본용 송곳 또는 컴퍼스나 금속 꼬치처럼 끝이 뾰족한 도구, 와이어 커터, 가는
와이어(플로리스트용이나 공예용 와이어), 가위, 펜치

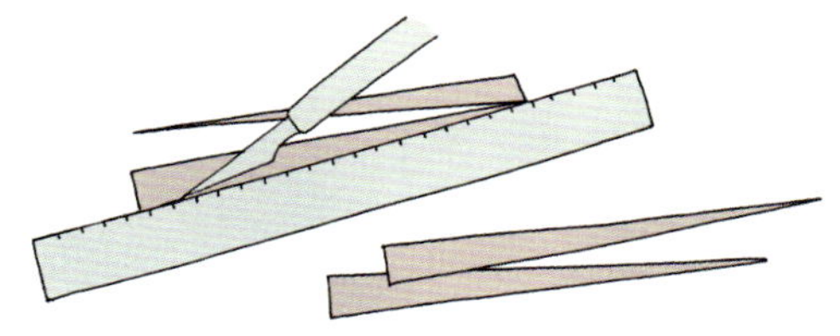

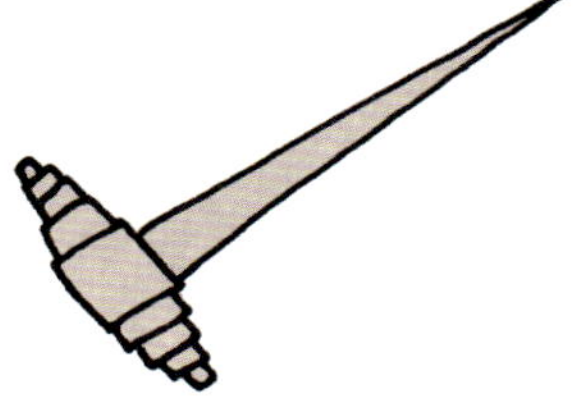

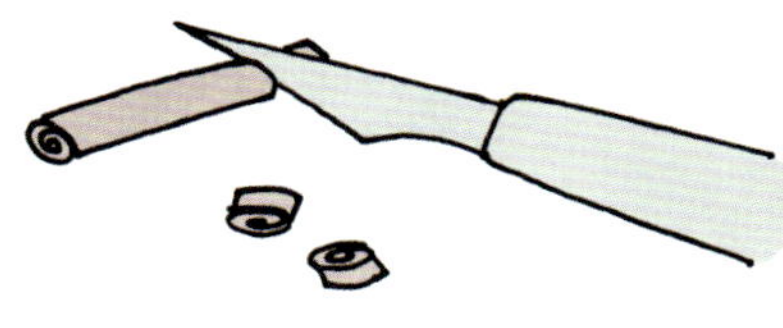

1 먼저 종이 구슬을 만든다. 큰 구슬을 만들기
위해 너비가 2cm이면서 길이가 책 높이와
같도록 기다랗게 종이를 자른다. 한쪽 끝
중앙에 연필로 표시를 한다. 반대편 한쪽
모서리와 연필로 표시한 지점을 자로
연결하여 선을 긋는다. 선을 따라 잘라낸 뒤
맞은편에도 같은 과정을 반복하여
삼각형을 만든다.

2 삼각형으로 자른 종이에 풀을 바른다.
넓은 쪽에서부터 시작하여 종이를 단단하게
만다. 원한다면 구슬 모양이 다양해지도록
삼각형의 너비를 각기 달리해도 좋다.

3 종이를 4cm 너비로 길게 자른다. 풀칠을
하여 2번과 같은 방법으로 단단히 만다.
공예용 칼을 이용하여 5mm 너비로 잘게
자른다. 이 작은 구슬은 길게 자른 종이들을
장식에 고정할 때 쓸 것이다.

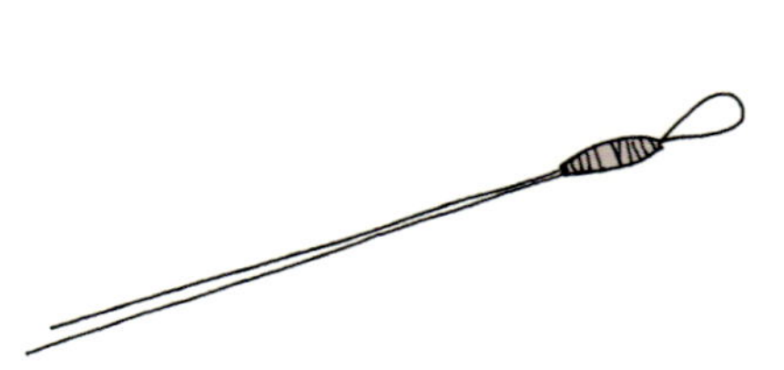
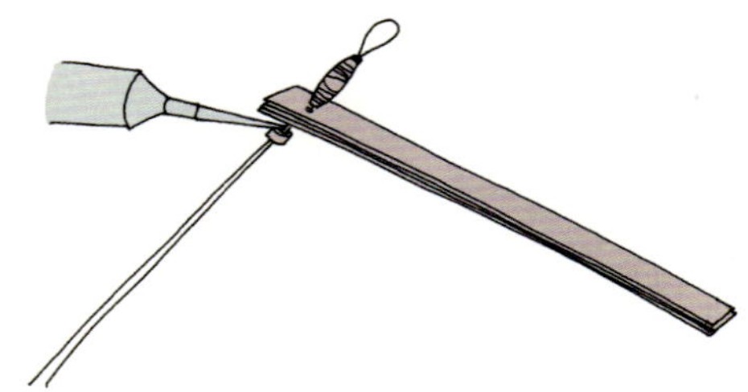

4 트리 오너먼트 모양을 만들기 위해 종이를 1.5×15cm 크기로 길게 15장 자른다. 송곳이나 다른 뾰족한 도구로 종이 끝에서 8mm 정도 떨어진 지점 중앙에 작은 구멍을 낸다. 구멍이 모두 같은 위치에 생기도록 종이를 한데 포개어 뚫는다. 반대편 끝에도 같은 과정을 반복한다.

5 약 30cm 길이의 가는 와이어를 반으로 접는다. 접은 와이어에 종이로 만든 큰 구슬을 끼운다. 이 과정이 쉽도록 먼저 뾰족한 도구로 구멍을 넓혀도 좋다. 접혀 있는 와이어 끝에서 약 1.5cm 떨어진 지점에 구슬을 자리 잡아준다. 고리 형태가 된 와이어를 동그랗게 벌려 구슬이 더 이상 위로 움직이지 않게 한다.

6 기다랗게 자른 종이 15장을 모두 와이어에 끼운다. 그런 다음 잘게 자른 구슬 1개를 끼워 종이가 있는 위치까지 위로 밀어준다. 구슬 끝에 접착제를 약간 묻혀 가장 아래쪽 종이에 고정한다.

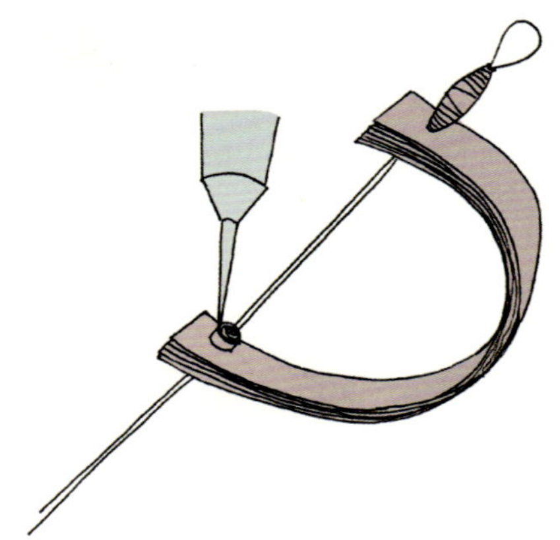
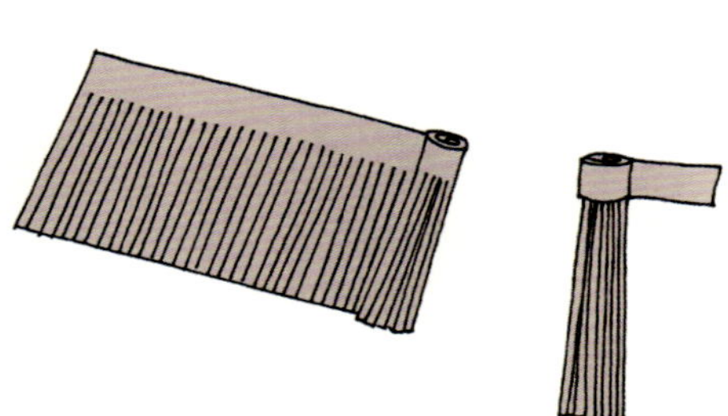

7 작은 구슬을 와이어에 하나 더 끼운 뒤 기다란 종이들의 반대쪽 끝을 끼운다. 윗부분보다 5cm 정도 아래에 자리 잡아준다. 6번에서와 마찬가지로 접착제로 구슬을 종이와 와이어에 고정한다.

8 큰 구슬을 하나 더 끼운 다음 지름 2cm 크기로 동그랗게 자른 작은 종이를 끼운다.

9 술 장식을 만들기 위해 책장을 뜯어 5×15cm 크기의 직사각형으로 자른다. 종이의 긴 변을 따라 가위로 잘라 술 장식을 만드는데 1cm 정도를 남기고 멈춘다 (그림 참고). 술은 약 5mm 너비로 자른다. 위쪽 가장자리를 따라 풀칠을 한 뒤 돌돌 말아 술 장식을 완성한다. 깔끔한 마무리를 위해 1×5cm 크기로 자른 종이에 풀칠을 하여 술 장식 윗부분에 두른다.

10 술 장식을 와이어에 끼운다. 작은 펜치를 이용하여 와이어 끝을 몇 차례 구부려 고정한다. 와이어의 남은 부분을 자르고 그 끝을 술 장식 속에 숨긴다. 마지막으로 기다란 종이를 펼쳐 구 형태로 만든다. 종이의 길이를 달리하여 오너먼트를 다양한 형태로 만들 수 있다. 서로 다른 크기로 만든 구 모양을 이중 혹은 삼중으로 연결해도 좋다.

마지팬 크리스마스 인형

이 달콤한 인형은 크리스마스 테이블이나 케이크 위를 장식하기에 알맞다.
어떤 동물이나 모양을 만들지 결정했으면 그에 맞게 마지팬에 색을
물들일 수 있다.

재료 (약 10개 분량)

천연 마지팬 200g, 여러 가지 식용 색소

펭귄 만들기

1 마지팬을 작게 한 조각 떼어 식용 색소를
이용해 주황색으로 물들인다. 마지팬을
덩어리에서 귤 크기로 떼어내어 검은색으로
물들인다. 호두 크기로 한 조각을
더 떼어내 흰색인 상태로 둔다.
비닐 랩으로 덮어둔다.

2 검은색 마지팬을 방울토마토 크기로
떼어내어 펭귄 머리가 되도록 공 모양으로
굴린다.

3 눈을 만들 흰색 마지팬을 조금 남겨둔다.
나머지는 몸통을 만들기 위해 둥글게 뭉쳐
작업대에 올려놓는다. 공 모양의 검은색
마지팬을 그 위에 붙여 머리를 만든다.

4 남아있는 검은색 마지팬을 한 조각 떼어
펭귄 몸통의 너비와 같아지도록 원형으로
납작하게 누른 다음 등에 붙인다.

5 검은색 마지팬을 더 작게 2조각 떼어 날개
모양을 만든다. 몸통 양 옆에 붙인다.

6 발을 만들기 위해 검은색 마지팬을 작게
2조각 떼어 공 모양으로 빚은 후 타원형으로
납작하게 누른다. 펭귄 몸통 아래쪽에
잘 보이게 붙인다.

7 눈을 만들기 위해 남겨둔 흰색 마지팬을
조그만 공 모양으로 2개 빚은 다음
납작하게 누른다.

검은색 마지팬을 더 작은 공 모양으로 2개
빚어 납작하게 누른 다음 흰 조각 가운데에
붙인다. 눈을 펭귄 얼굴에 붙인다.

8 주황색 마지팬을 둥글게 굴린 다음 한쪽을
뾰족하게 만들어 부리 모양으로 만든다.
펭귄 얼굴에 붙인다.

순록 만들기

1. 덩어리에서 마지팬을 호두 크기로 4조각 떼어낸다. 한 조각에 빨간색 식용 색소를 약간 첨가하여 고르게 섞일 때까지 주무른다. 이 과정을 반복하여 다른 조각도 노란색과 검은색으로 물들인다. 네 번째 조각은 흰색으로 남겨둔다. 비닐 랩으로 덮어둔다.

2. 마지팬을 귤 크기로 한 조각 더 떼어내어 갈색으로 물들인다. 여기에서 호두보다 약간 작은 크기의 조각을 떼어 둥글게 빚는다. 방울토마토 크기로 한 조각을 더 떼어내 공 모양으로 빚는다. 머리가 되도록 작은 조각을 큰 조각 위에 약간 튀어나오게 붙인다. 작은 갈색 마지팬 6조각을 공 모양으로 굴린다. 그중 2개를 납작하게 눌러 귀가 되도록 머리 꼭대기에 붙인다. 남은 4개는 다리가 되도록 몸통 주위에 붙인다.

3. 조그만 빨간색 마지팬 조각을 둥글게 빚은 뒤 얼굴에 붙여 코를 만든다.

4. 눈을 만들기 위해 흰색 마지팬을 작게 2조각 떼어 공 모양으로 빚은 뒤 납작하게 누른다. 검은색 마지팬을 더 작은 크기로 둥글게 빚어 납작하게 누른 다음 흰 조각 한가운데에 붙인다. 눈을 순록 얼굴에 붙인다.

5. 작은 노란색 마지팬 덩어리를 2조각 떼어내어 대강 뿔 모양으로 빚는다. 뿔을 머리 꼭대기에 붙인다.

눈사람 만들기

1. 덩어리에서 마지팬을 작은 호두 크기로 떼어내 식용 색소로 빨갛게 물들인다. 마지팬을 좀 더 작은 크기로 떼어내 검게 물들인다. 또 하나의 작은 조각을 주황색으로 물들인다. 비닐 랩으로 덮어둔다.

2. 귤 크기로 마지팬을 한 덩어리 더 떼어낸다. 크기를 약간 달리하여 2조각으로 나눈다. 둘 다 공 모양으로 빚어 몸통이 될 큰 덩어리를 작업대에 올려놓는다. 작은 덩어리를 그 위에 붙여 머리를 만든다.

3. 빨간색 마지팬을 굴려 가는 뱀 형태로 만든 뒤 눈사람 목에 조심스럽게 둘러 목도리를 만든다.

4. 눈과 단추를 만들기 위해 검은색 마지팬을 작게 4조각 떼어낸다. 둥글게 빚어 2개씩 얼굴과 몸통에 붙인다.

5. 주황색 마지팬을 당근 모양으로 빚어 코를 만든다. 코를 눈사람 얼굴 중앙에 붙인다.

춤추는 꼭두각시

먼지가 가득한 오래된 책표지는 너덜거리는 경우가 많지만 화려한 색상의 문양이 반복되는 디자인만큼은 훌륭하다. 독특한 책표지를 복고풍의 유쾌한 춤추는 꼭두각시로 변신시킨 뒤 줄을 당겨 폴짝 뛰게 만들어보자. 춤추는 코사크 기병들을 늘어놓으면 기발한 장식이 될 것이다.

재료

트레이싱지, 연필, 얇은 카드지, 가위, 먼지 낀 책에서 떼어낸 색색의 종이, 풀, 커팅매트, 공예용 칼, 제본전문가용 송곳이나 (펀치처럼) 구멍을 뚫을 뾰족한 도구, 할핀, 끈이나 왁싱한 면사

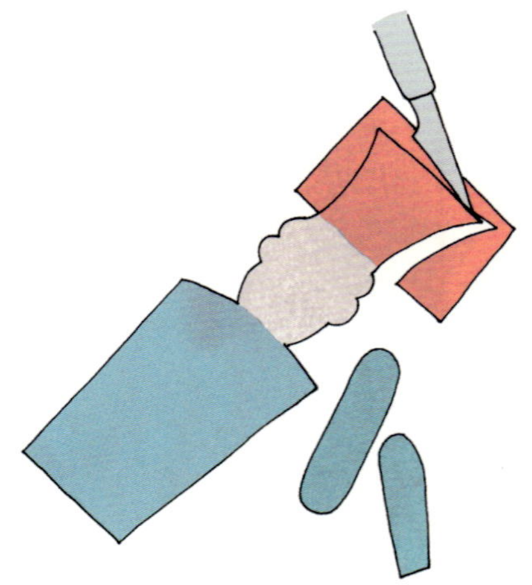

1. 트레이싱지와 연필, 112쪽의 본을 이용하여 몸통과 팔, 다리를 본뜬다. 얇은 카드지에 모양을 옮긴 뒤 몸통 각 부위를 잘라낸다.

2. 몸통의 각 부분을 오래된 책표지에서 뜯어낸 형형색색의 다양한 종이로 감싼다. 이를 위해 먼저 몸통 각 부위보다 약간 크게 종이를 자른다. 종이 뒷면에 풀을 얇게 바른 다음 카드지로 만든 각 부위를 풀칠한 종이에 올려놓는다. 공예용 칼을 이용해 테두리 바깥으로 튀어나온 부분을 오려낸다.

3. 트레이싱지와 112쪽의 본을 활용하여 얼굴의 특징들을 본떠 자른 다음 풀로 제자리에 붙인다. 송곳이나 펀치로 눈을 뚫는다.

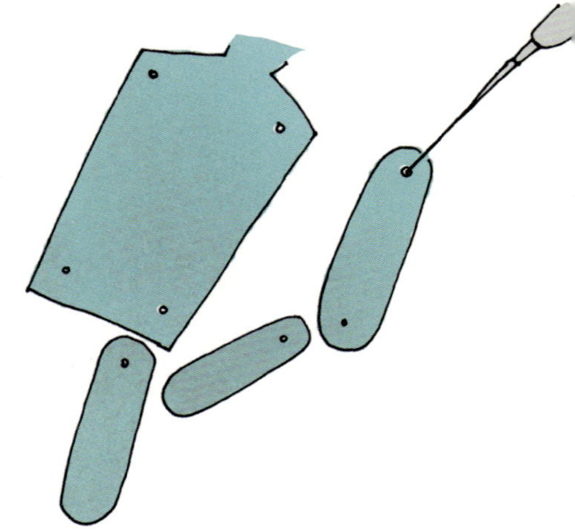

본을 참고하여 송곳이나 펀치로 몸통과 팔다
리에 구멍을 뚫는다. 구멍은 할핀을 끼울 수
있을 만큼 커야 한다.

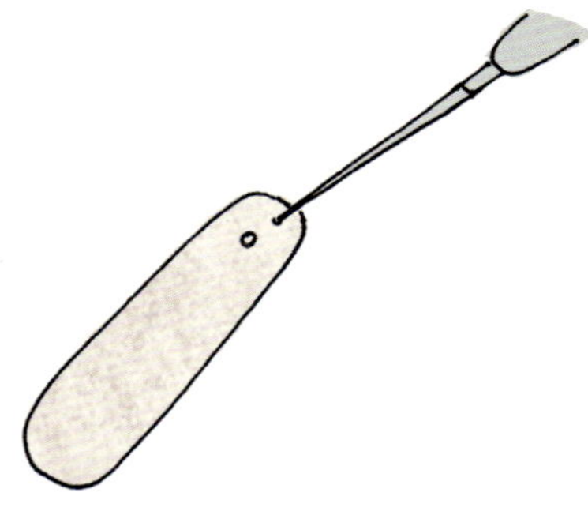

팔 윗부분과 다리 윗부분에는 구멍과 가장자리에
사이에 약간 작은 구멍을 하나씩 더
뚫는다. 이 구멍에 끈을 통과시킬 것이다.

6 할핀으로 몸통의 모든 부위를 서로 연결하는데 팔과 다리가 자유롭게 움직여야 한다. 부츠와 장갑을 화려한 색상의 종이로 감싼 뒤 제자리에 붙인다.

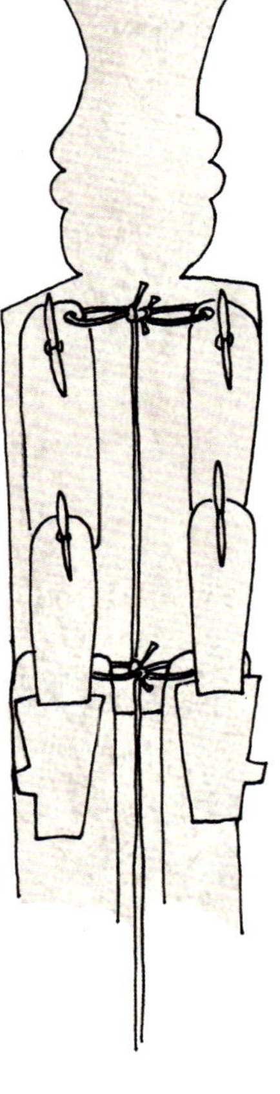

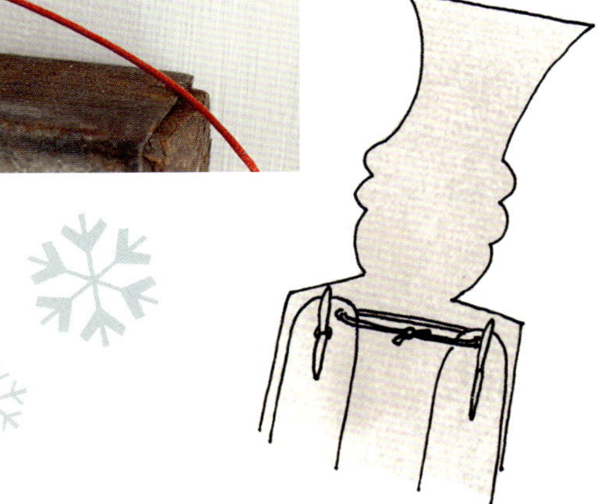

7 약 12cm 길이의 끈이나 실을 한쪽 팔 윗부분의 구멍에 넣었다가 반대편 팔의 구멍으로 뺀다. 팔이 고정된 상태에서 이 작업을 하기가 어렵다면 할핀을 뺐다가 다시 끼운다.

8 끈이나 실의 양 끝을 묶어 두 팔 사이에 고리를 만든다. 이 고리는 너무 느슨하지도 지나치게 꽉 조이지도 않아야 한다. 팔을 아래로 내린 상태에서 끈을 묶은 뒤 두 줄을 모두 집어 아래로 당기며 팔이 위로 움직이는지 시험해본다.

9 (7번과 8번 과정을 반복하여) 다리에도 동일하게 끈을 묶는다. 그런 다음 약 30cm 길이의 끈을 두 팔 사이의 고리 중앙에 감아 묶은 다음 두 다리 사이의 고리에도 묶는다. 팽팽한 정도가 알맞도록 끈을 조정해야 할 수도 있다.

아이와 함께 : 폼폼 장식

폼폼은 만들기 쉽고 재미있으며 귀여운 트리 오너먼트를 만드는 데 활용할 수도
있다. 각각 다른 크기로 2개를 만들어 서로 붙이면 눈사람이나 개똥지빠귀를
만들 수도 있고, 펠트로 모자를 씌워 산타 할아버지를 만들어도 좋다.

재료

종이, 연필, 가위, 두꺼운 카드지,
각종 뜨개실 뭉치,
빨간색 패브릭용 3D 펜,
오너먼트 1개당 체크무늬 리본
약 10cm

1 112쪽의 디스크 모양을 종이에 본떠 자른다.
이를 카드지에 올려놓고 둘레를 따라 원반
모양을 2개 그린다. 둘을 잘라 한데 포갠다.
실을 약 2m 길이로 잘라 가운데 구멍을 통과할
만한 작은 크기로 둥글게 감는다. 포갠 종이
2장에 한꺼번에 실을 감기 시작한다. 하나의
실 뭉치가 끝나면 그 끝부분과 새 실 뭉치의
시작 부분을 묶는다. 종이 본을 완전히
감쌀 때까지 계속 실을 감는다.

2 감는 과정이 끝나면 꼭 붙잡은 채로 가장자리를
따라 실을 자른다. 이 때 실이 술 장식처럼
분리되므로 원형 본 2장을 단단히 붙잡고
있어야 한다.

3 실을 약 20cm 길이로 두 가닥 잘라 2장의
카드지 사이에 끼운다. 꽉 당겨 단단히
매듭을 짓는다. 실 양끝은 장식을 걸 고리가
될 것이므로 첫 매듭에서 8cm 정도 떨어진
위치에 한 번 더 매듭을 짓고 끝을 깔끔하게
다듬는다.

4 부드럽게 카드지 본을 당겨 폼폼에서
분리한다. 어렵다면 그냥 잘라낸다.
튀어나온 실을 다듬은 다음 둥근 형태가
되도록 폼폼을 매만진다. 패브릭용 3D
펜으로 폼폼에 작은 점들을 찍고 빨간색
체크무늬 리본을 고리 주위에 나비
모양으로 묶어 마무리한다.

티라이트 하우스

이 예쁜 티라이트 하우스는 단순하지만 멋진 스칸디나비안 스타일로
매우 매력적이다. 완성한 집들을 벽난로 위에 늘어놓고 집 뒤편마다
티라이트를 켜놓자. 열린 창문과 문마다 따뜻한 빛을 발해 매력적인
장식이 될 것이다.

재료

트레이싱지, 연필,
22 x 50cm 크기의 얇은 흰색 카드지,
메스나 공예용 칼, 커팅매트,
금속 자, 티라이트

1 114~115쪽의 본을 2배 확대한다. 트레이싱
지와 연필을 사용하여 얇은 흰색 카드지에
윤곽을 조심스럽게 옮긴다.

2 메스나 공예용 칼로 집의 윤곽을 잘라낸다.
접도록 표시된 선을 오리지 않도록 주의하면
서 집에 난 창문과 장식들도 오린다.

3 접도록 표시된 선에 자국을 남긴 뒤 위로 젖
힌다. 집 사이사이에도 자국을 남긴다.

4 집들을 앞뒤로 번갈아가며 접어 물결 모양으로
늘어서게 한다. 안전거리를 유지하면서
각각의 집 뒤에 티라이트를 배치한다.

새 모양 틴 클립

크리스마스에는 리스로 집 바깥뿐 아니라 내부도 장식할 수 있는데 담쟁이덩굴 가지로 엮은 아름다우면서도 간단한 이 리스는 벽 위에 걸기에 딱 알맞다. 나무 클립에 부착한 은색의 자그마한 틴 소재 새들이 나뭇잎과 열매들 사이사이에 앉아있다. 여러 개를 만들어 트리나 선물, 냅킨, 네임카드 홀더에 꽂아보자. 활용방법은 무궁무진하다!

재료

트레이싱지, 연필, 가위, 일회용 구이용 쟁반에서 잘라낸 작은 알루미늄 포일 조각, 오래된 볼펜, 나무 소재의 빨래집게나 클립, 강력 양면테이프나 접착제
리스 재료 플로리스트용 이끼, 와이어 리스틀, 가는 와이어, 나뭇잎, 은색 잎사귀와 장식물

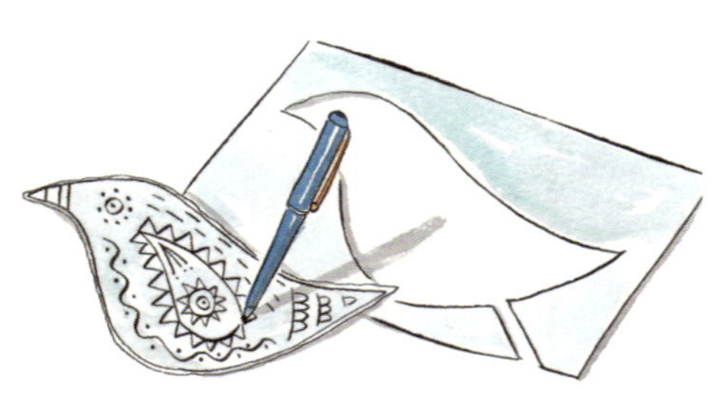

1 새 모양 포일 클립을 만들기 위해 114쪽의 본과 문양을 트레이싱지에 옮긴 뒤 윤곽을 따라 잘라낸다.

2 종이 본을 포일 조각에 올려놓고 볼펜으로 테두리를 따라 그린다. 잉크를 다 쓴 오래된 볼펜이 이상적이다. 틴에 자국이 남도록 꾹꾹 누른다.

3 새 모양을 잘라낸다. 포일 가장자리가 날카로우므로 조심해야하며 가위 날이 쉽게 무뎌지므로 품질 좋은 원단용 가위는 사용하지 않는다. 포일로 만든 새에 본을 올려놓고 볼펜으로 꾹꾹 눌러가며 문양을 옮긴다.

4 강력 양면테이프나 접착제로 나무 빨래집게 앞면에 새를 붙인다. 1~4번 과정을 반복하여 필요한 양만큼 새를 만든다.

5 리스를 만들기 위해 먼저 이끼로 와이어 리스틀을 감싸며 누른다. 가는 와이어로 감아 고정한다.

6 리스 둘레를 따라 이끼에 나뭇잎을 찔러 넣고 와이어로 고정한다. 약간의 반짝임을 주기 위해 은색 잎사귀와 작은 은색 장식 몇 가닥을 추가한다. 잎사귀 사이사이에 포일 새를 꽂아 배치한 다음 벽에 걸 수 있도록 리스 뒤편에 와이어로 고리를 만들어 단다.

눈꽃 갈런드

크리스마스에 빨간색과 흰색이 섞인 장식은 언제나 멋진 선택이다.
수놓은 펠트를 선명한 빨간색 끈이나 리본에 줄지어 매단 북유럽 스타일의
간단한 이 갈런드는 선반이나 트리에 스칸디나비안 스타일의
매력을 더해줄 것이다. 부가적인 장식은 간소화하고 원한다면
투박하면서도 현대적인 느낌이 나도록 나뭇잎을 추가한다.

재료

연필, 종이, 가위, 시침핀, 별 1개당 약 10 x 10cm 크기의 두꺼운 흰색 펠트,
기화성 펜이나 재봉용 연필, 재봉용 먹지, 2m 길이의 빨간색 끈이나 리본
또는 펠트 끈, 빨간색 수실, 자수용 바늘, 바느질용 바늘 및 어울리는 실

1 114쪽의 별 모양과 자수 도안(2가지 중 선택)을 종이에 본떠 잘라낸다.
시침핀으로 본을 펠트에 고정한다. 기화성 펜으로 별 모양을 따라 그린 뒤 잘라낸다.
원하는 개수만큼 별을 오린다.

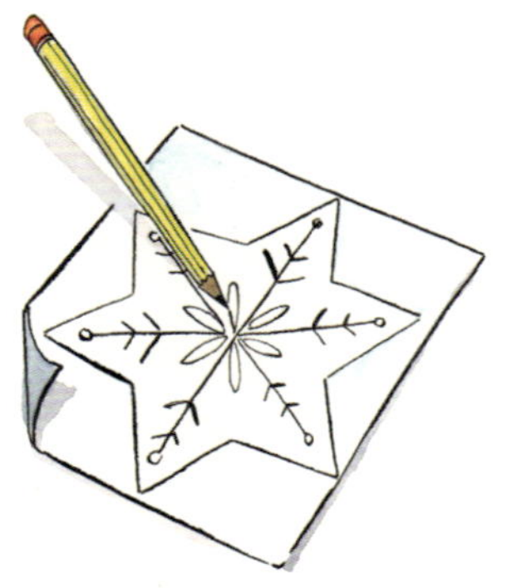 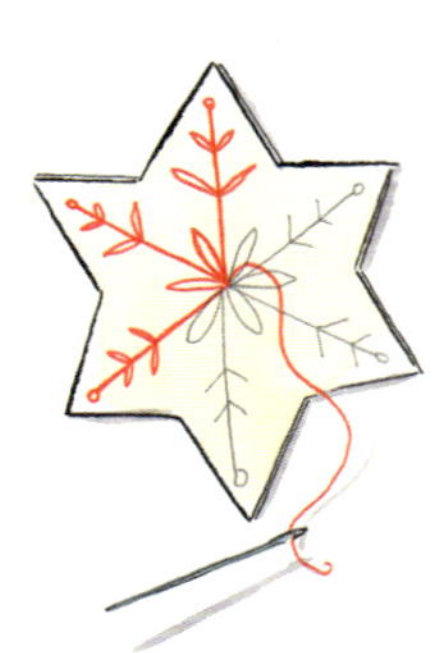 

2 별 모양 펠트 위에 재봉용 먹지를 색이 입혀
진 쪽이 아래를 향하도록 올려놓는다.
그 위에 별 모양 본을 올린다. 펠트에 자수
도안이 옮겨지도록 연필로 디자인을 따라
그린다.

3 빨간색 혹은 대조를 이루는 색상의 수실을
사용하여 도안을 따라 별 모양 펠트에
문양을 수놓는다(자수 기법에 대한 설명은
107~109쪽 참고). 이렇게 하면 별들이
예쁜 눈꽃으로 변신한다.

4 완성한 별들을 끈에 40cm 간격으로
배치하고 어울리는 실로 꿰맨다.
별 사이사이에 고리 모양을 2개씩
만든 뒤 두세 땀 바느질을 해 고정한다.

크리스마스 크래커

직접 만든 크래커는 크리스마스 상차림에 독특한 분위기를 더한다.
당신의 계획에 맞추어 포장지를 고를 수 있으며 안에 들어갈 선물도
직접 고르도록 한다. 조그만 장신구를 구입해도 좋고 크래커마다
작은 크기의 다양한 장식품을 넣어도 된다. 전통적으로
크래커 안에는 농담을 적어 종이 모자와 함께 넣지만
언제든 전통을 깨고 개인적인 메시지를 적어 넣을 수도 있다!

재료

(너무 두껍지 않은) 포장지나 벽지,
지름이 약 4cm인 원통형 판지,
공예용 칼, 커팅매트,
1cm 너비의 양면테이프,
크래커 손잡이, 선물이나 모자
혹은 농담을 적은 메모 등,
끈,
리본이나 테두리 장식

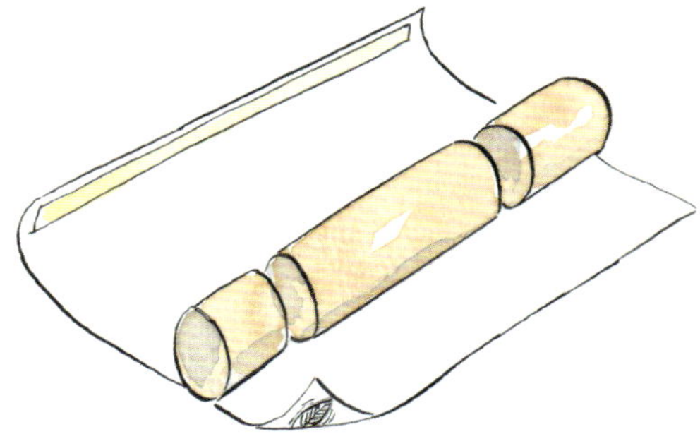

1 크래커를 만들기 위해 포장지를 16×28cm
크기의 직사각형으로 자른다. 원통형 판지를
잘라 10cm 길이 1개와 6.5cm 길이 2개로
나눈다.

2 무늬가 있는 쪽이 아래를 향하도록 포장지를
작업대에 올려놓는다. 자신으로부터 먼 쪽에
있는 가장자리를 따라 양면테이프를 붙인다.
직사각형 포장지 한가운데에 원통형 조각 3개
를 줄지어 늘어놓는다. 작은 조각들은 포장지
옆선에 맞추고 기다란 조각은 두 조각
사이의 중앙에 자리를 잡아준다. 큰 원통과
작은 원통 사이에 약간씩 틈을 남겨둔다.

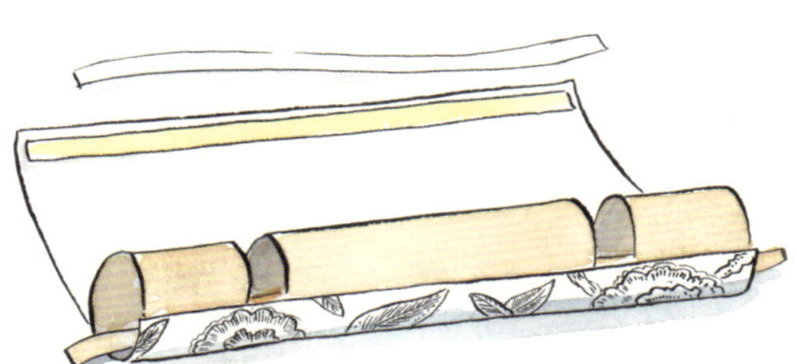

3 크래커 손잡이를 원통 안에 넣어 양 끝으로 동일한 길이만큼 튀어나오게 한다. 가운데 원통에 선물 등을 넣는다. 양면테이프 뒷면을 떼어내고 포장지를 끝부분이 서로 겹칠 때까지 원통형 판지에 감싼다. 테이프를 붙인 부분을 눌러 고정한다.

4 큰 원통과 작은 원통 사이의 틈에 끈을 두른다. 끈을 교차시켜 천천히 꽉 당긴다. 끈과 작은 원통을 제거한다. 반대편에도 같은 과정을 반복한다. 다음 크래커를 만들 때 쓸 수 있도록 작은 원통은 보관한다.

5 크래커에 리본이나 테두리 장식을 묶어 마무리한다. 양 끝에 리본을 두른다면 너무 세게 묶지 않는다. 그렇지 않으면 당겨서 분리하기가 어려울 수 있다.

스테인드글라스 쿠키

스테인드글라스 스타일의 눈꽃 쿠키는 크리스마스 분위기의 다양한
색상으로 만들 수 있으며 빛을 받도록 창문에 걸어두면 아름답다.
먹을 수도 있는 완벽한 크리스마스 장식이다.

재료

다양한 색상의 단단한 사탕 1봉지
바닐라 쿠키 재료(쿠키 12개 분량) : 실온에 둔 무염 버터 수북하게 ¾컵(185g),
슈거 파우더 1¼컵(240g), 달걀 1개, 바닐라 익스트랙트 1½작은술,
다용도(일반) 밀가루 4컵(390g), 소금 ½작은술

도구

오일을 바른 코팅 베이킹 팬, 눈꽃 모양의 쿠키
커터 세트, 이쑤시개, 아이싱용 깍지,
작은 팔레트 나이프, 고리를 만들 리본

1. 쿠키를 만들기 위해 버터를 2분가량 휘저은
다음 설탕을 넣고 고루 섞일 때까지 젓는다.
달걀과 바닐라 익스트랙트를 넣고 부드러워
질 때까지 섞는다.

2. 밀가루와 소금을 체로 쳐 볼에 담은 뒤 반을
버터 혼합물에 넣고 섞일 때까지 젓는다.
남은 밀가루도 마저 넣은 다음 반죽이 뭉치기
시작하면서 볼 벽면에서 쉽게 떨어질 때까지
몇 분가량 섞는다.

3. 작업대에 밀가루를 약간 뿌린다. 반죽을 꺼
내 공 모양으로 빚는다. 비닐 랩으로 감싸
냉장고에 최소 30분 이상 넣어둔다. 오븐을
160℃로 예열한다.

4. 반죽이 약간 부드러워질 때까지 기다렸다가
밀가루를 약간 뿌린 작업대에 올려놓고
밀대를 이용하여 3~4mm 두께로 민다.
준비해둔 베이킹 팬에 옮긴다. 모양이 매우
섬세해 나중에 옮기기 어려우므로 팬에 옮긴
뒤 쿠키의 세부적인 형태를 표현하는 편이
더 쉽다. 눈꽃 모양을 찍어낸 다음 함께
들어있는 작은 커터로 무늬를 찍는다.
잘 잘라지지 않는 부분은 이쑤시개로
제거한다. 아이싱용 깍지로 꼭대기에
구멍을 낸다. 이 구멍은 리본을 끼울 때
쓸 것이다. 쿠키 반죽을 냉장고에 10분
동안 넣었다가 오븐으로 옮겨 6분에 걸쳐
반쯤 굽는다. 베이킹 팬 위에서 식힌다.

5 사탕을 색상별로 봉지에 담아 밀대로
   부순다. 사탕이 딱딱하다는 점에 주의하여
   자국이 남지 않는 단단한 작업대에 올려놓고
   오래된 밀대나 이와 유사한 도구를
   이용한다.

6 부순 캔디를 눈꽃의 구멍들에 채운다.
   너무 높이 쌓지 않도록 한다. 쿠키를 다시
   오븐에 넣어 5~6분 정도 더 굽는다. 오븐에
   서 꺼낸다. '유리' 부분에 거품이 일겠지만
   식히면 사라진다. 베이킹 팬에 올려둔 채로
   최소 20분 이상 식힌다. 작은 팔레트
   나이프를 부드럽게 쿠키 밑에 밀어 넣어
   하나씩 들어 올린 다음 식힘망에 올려
   식힌다. 쿠키마다 리본을 묶어 트리에 건다.

크리스마스 코로넷

이 코로넷이 없다면 북유럽의 크리스마스는 분위기가 나지 않을 것이다.
어떤 크기로든 만들 수 있는데 큰 것은 양말 대신 침대 끝에 걸고 작은 것은
여러 개를 만들어 크리스마스 달력이나 장식품으로 활용한다.
안에 사탕이나 작은 선물을 채워보자!

재료

트레이싱지나 카드지,
가위, 직접 고른 면 원단
(예: 물방울무늬나 체크무늬),
안감용 무지 면 원단,
물결무늬 장식이나 바이어스 테이프
또는 리본,
어울리는 실을 끼운 재봉틀,
연필

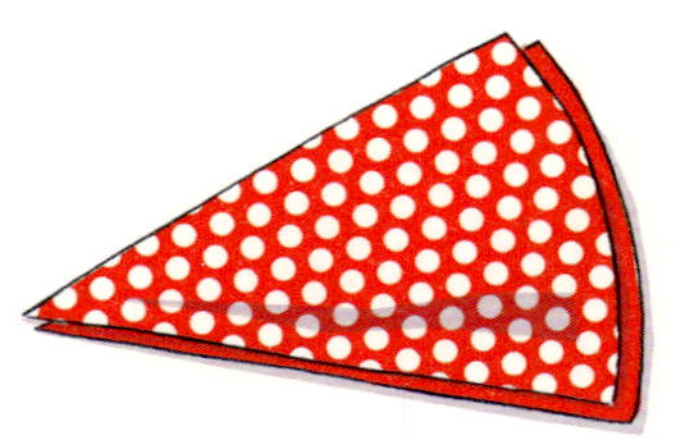

1 115쪽의 본을 확대하여 트레이싱지나 카드
지에 옮긴 뒤 이를 이용하여 코로넷의 겉감
1장과 안감 1장을 잘라낸다.

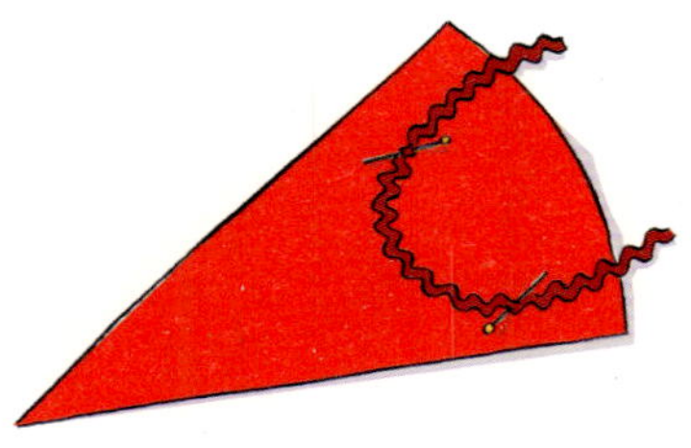

2 손잡이를 만들기 위해 물결무늬 장식이나
바이어스 테이프, 혹은 리본을 약 13cm
길이로 자른다. 손잡이를 안감 겉면 위쪽에
시침핀으로 고정하는데 (본에 표시된 것처럼)
양 끝에서 5cm 정도 떨어진 위치에 고정한다.

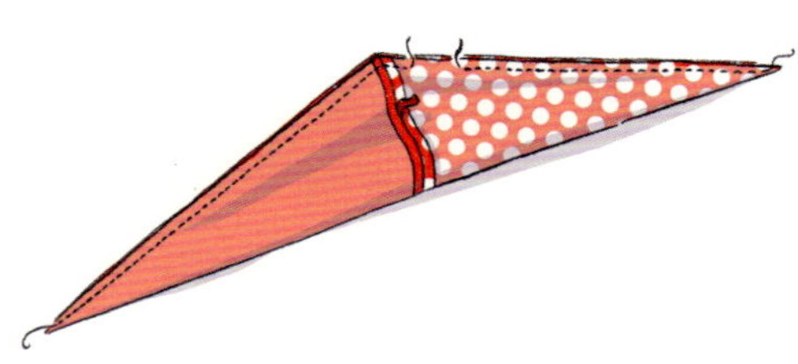

3 겉감과 안감을 겉면끼리 마주보도록 포갠다.
어울리는 실을 끼운 재봉틀로 가장자리에서
약 1cm 떨어진 지점을 따라 위쪽 가장자리
에 스트레이트 스티치를 하는데 손잡이도
함께 박는다.

4 포갠 원단을 펼쳤다가 이번에는 길게 반으로
접는다. 가장자리를 따라 꿰매는데 안감
중간 지점에 약 5cm 길이로 작은 창구멍을
남겨 이 틈으로 겉면이 바깥으로 나오도록
코로넷을 뒤집는다. 뾰족한 끝부분은 연필
을 이용하여 원단을 밀어낸다. 공그르기로
창구멍을 막는다.

카드 & 선물 포장

반짝거리는 새 카드

반짝이 종이와 리본, 은색 습자지 깃털로 단순한 새 디자인을 업그레이드했다.
크리스마스 분위기를 위해 금은박지를 선택하거나 유사한 효과를 내는 갈색과
빨간색 종이, 혹은 현대적인 느낌을 주는 밝은 색상의 종이를 골라보자.

재료

얇은 크림색 카드지, 연필, 가위, 메스나 공예용 칼, 커팅매트, 금속 자, 금색과 은색 포장지, 반짝이 종이나 무늬가 있는 종이, 딱풀,
핑킹가위, 약 3mm 너비의 은색과 금색 리본, 은색 주름지, 공예용 순간접착제, 금색 별 모양 스팽글

1 116쪽의 새 모양을 본떠 자른 뒤 크림색
카드지에 올려놓는다. 조심스럽게 윤곽선을
따라 그린 다음 예리한 가위나 공예용 칼로
깔끔하게 오려낸다.

2 금은박지로 부리를, 반짝이 종이로 반원
형태의 날개를 잘라낸다. 부리를 새에 붙인
다. 직선인 날개 가장자리를 접어 풀을 얇게
바른 뒤 제자리에 붙인다. 핑킹가위로 금은
박지를 1cm 너비로 2장 잘라 목과 꼬리
부분을 가로질러 붙인다.
그 위에 리본을 붙인다.

3 은색 주름지를 3×7cm 크기로 2장 자른다.
단단히 붙잡은 채 긴 가장자리를 따라
주름을 잡는다. 공예용 접착제로 하나는
머리, 다른 하나는 꼬리 뒷면에 붙인다.
단단히 고정될 때까지 붙잡는다.
스팽글을 붙여 눈을 만든다.

4 반짝이 종이를 10 x 14cm 크기의 직사
각형으로 자른다. 크림색 카드지를 22 x
15.25cm 크기의 직사각형으로 잘라 양끝에
서 11cm 떨어진 중앙에 자국을 남긴 뒤 반으
로 접는다.

5 직사각형으로 자른 반짝이 종이 뒷면에
딱풀을 발라 카드 앞면에 붙인다. 새를
가운데에 붙이고 반짝이 종이 가장자리를
따라 리본을 직선으로 깔끔하게 붙인다.

크리스마스 양말 카드

크리스마스 양말에 변화를 줘보자. 이 카드는 어떤 벽난로에든 크리스마스의 쾌활한 분위기를 더해준다. 빨간색과 흰색의 전통적인 크리스마스 색상 조합을 활용하면 아이를 위한 완벽한 카드가 되지만 어른들에게도 동일하게 사랑받을 것이다. 가게에서 산 포장지를 활용하거나 무늬가 없는 빨간색과 흰색 카드를 스티커로 꾸며본다. 리본과 장식용 수술을 달면 아름다운 카드가 완성된다.

재료

연필, 가위, 빨간색과 흰색의 얇은 카드지, 빨간색과 흰색의 원형 스티커, 무늬가 있는 빨간색과 흰색 포장지, 딱풀, 빨간색 주름지, 바느질용 바늘과 빨간색 실, 공예용 순간접착제, 장식용 수술과 리본, 회전식 펀치

1 116쪽의 양말 모양을 본떠 확대한다. 흰색과 빨간색 카드지에 모양을 옮겨 잘라낸다.

2 물방울무늬 양말을 만들기 위해 원형 스티커를 양말 한 면에 무작위로 붙인다. 아니면 무늬가 있는 종이에 본을 떠 잘라도 된다. 이를 무늬가 없는 양말 카드에 딱풀로 붙인다.

3 주름지를 30.5×2.5cm 크기로 길게 자른다. 시작 지점에 매듭을 지은 뒤 긴 가장자리를 따라 바느질을 한다. 길이가 11cm가 될 때까지 주름을 잡는다. 바늘땀을 몇 땀 뜨거나 매듭을 지어 마무리한다.

4 (양말의 주요 색상과 반대되는) 빨간색이나 흰색 카드지로 발목 부분을 자른다. 주름 장식을 달려면 발목 아래쪽 가장자리에 공예용 접착제를 바르고 주름지로 만든 장식을 붙인다.

5 발목 부분을 양말에 부착한다. 리본과 장식용 수술로 양말 윗부분을 장식하고, 원한다면 리본을 나비 모양으로 묶어 붙인다.

6 펀치로 양말 위쪽 모서리에 구멍을 하나 뚫는다. 가는 빨간색 리본을 15cm 길이로 잘라 구멍에 끼운다. 깔끔하게 매듭을 짓고 리본 끝을 길이가 같도록 잘라 다듬는다.

개똥지빠귀 둥지 카드

직접 만든 카드를 작은 단추로 사랑스럽게 장식한다.
이 작품의 진주 단추는 가격이 비싸므로 중고 할인점이나 벼룩시장에서
찾아보도록 한다. 작은 새에 사용한 오래된 악보와 라벨은
크리스마스카드에 빈티지한 느낌을 더한다.

재료

45 x 30cm 크기의 얇은 파란색 카드지, 연필, 금속 자, 메스나 공예용 칼, 커팅매트, 트레이싱지,
작은 단추들, 바느질용 바늘과 실, 인쇄물과 색종이, 풀

1 카드지를 14x14cm 크기로 자른다.
117쪽의 둥지 모양을 본떠 카드지에
둥지의 위치를 표시한다.

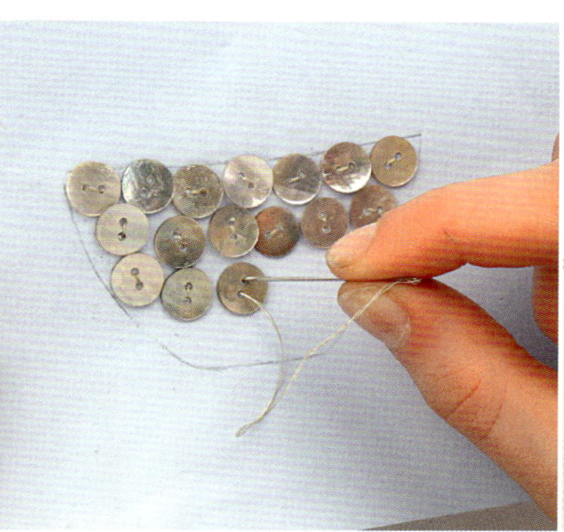

2 카드지에 단추를 달아 둥지 내부를 채운다.

3 117쪽의 개똥지빠귀와 나뭇잎, 잔가지를
본떠 인쇄물의 흥미로운 부분에 윤곽선을
옮긴 다음 잘라낸다. 개똥지빠귀의 가슴
부분은 빨간색 종이로 오린다.

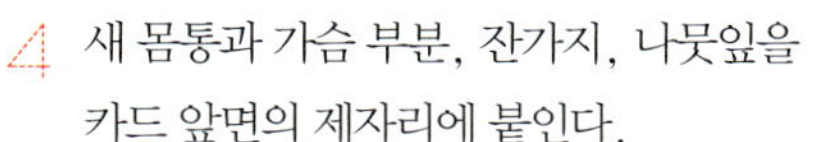

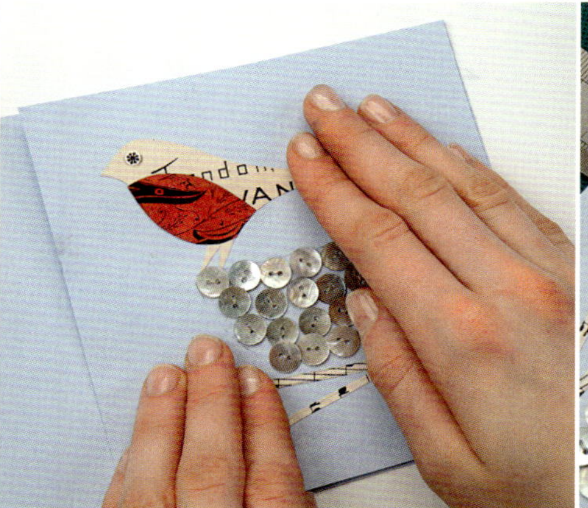

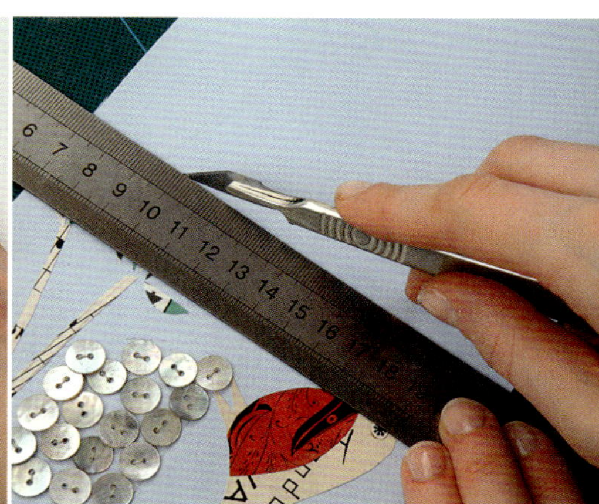

4 새 몸통과 가슴 부분, 잔가지, 나뭇잎을
  카드 앞면의 제자리에 붙인다.

5 14×28cm 크기의 직사각형으로 카드지를
  자른다. 앞면이 될 장식한 카드지를
  직사각형 카드 오른편에 붙인다.

6 직사각형 카드의 중앙, 즉 장식한 카드지
  가장자리를 따라 메스 뒷부분으로 자국을
  남긴 뒤 반으로 접어 카드를 완성한다.

고무 스탬프 카드

나만의 고무 스탬프 만들기는 독특한 카드나 포장지를 만드는 간편한 방법이다. 한 번 만들어두면 계속 쓸 수 있다. 스탬프를 여러 개 만들어 다양한 문양과 디자인의 조합을 만들어보자. 독특한 색상의 잉크 패드를 찾아보도록 한다. 금속 느낌의 구리색이나 은색은 크리스마스를 위한 완벽한 색상이다.

재료

트레이싱지, 연필, 약 5 x 2cm 크기의 흰색 지우개, 공예용 칼, 커팅매트, 얇은 흰색 카드지, 다양한 색상의 고무 스탬프 잉크 패드, 수하물 태그, 얇은 흰색 종이나 갈색 소포지

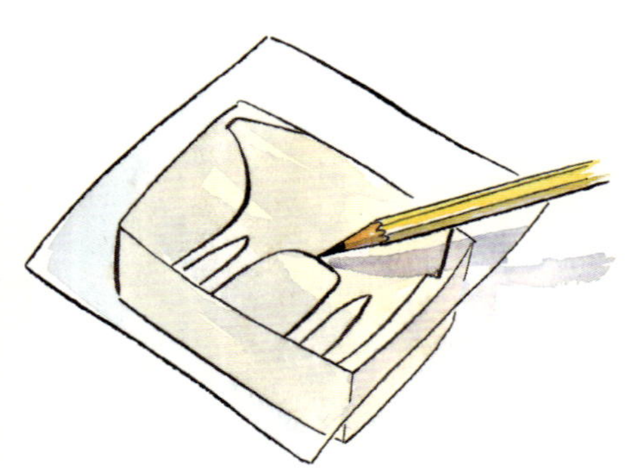

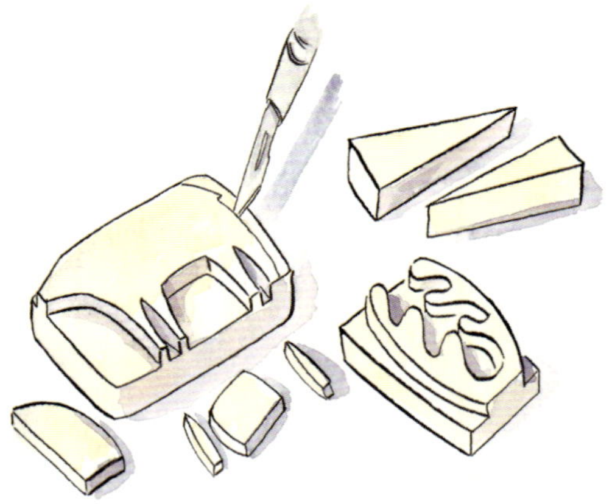

1　117쪽의 모양들을 부드러운 연필로 트레이싱지에 본뜬다. 이 종이를 지우개에 올려놓고 문양을 옮긴다. 뾰족한 연필로 선을 그어 자국을 선명하게 남긴다.

2　공예용 칼로 배경 부분을 수평으로 잘라내 문양이 3mm 정도 튀어나오게 한다. 삼각형 스탬프는 간단하게 지우개를 통째로 잘라 만드는데 각 변과 꼭짓점이 뚜렷하도록 자른다.

3　카드를 만들기 위해 17×19cm 크기로 자른 흰색 카드지를 반으로 접는다. 순록 몸통 스탬프에 잉크를 묻혀 아래쪽 가장자리에서 약 1.5cm 떨어진 지점에 찍는다. 뿔을 제자리에 찍는다. 삼각형 스탬프로 순록 위에 숲을 꾸민다. 색상을 바꾸기 전에는 따뜻한 물에 스탬프를 씻는다. 큰 삼각형을 둥근 형태로 찍어 해를 표현한다.

4 선물 라벨과 포장지를 만들기 위해
수하물 태그에 스탬프를 찍는다.
흰 종이나 갈색 소포지에 다양한 조합으로
문양을 반복하여 스탬프를 여러 줄 찍는다.
음각으로 된 별 스탬프를 만들기 위해
디자인을 지우개에 본뜬다. 별 모양을
파낼 때는 날을 비스듬히 가운데로 향하게
한다. 그런 다음 마주보는 변을 자를 때도
날을 중앙을 향해 기울여 V자 형태로
파낸다.

아이와 함께 : 펠트 모티프 카드

펠트는 카드를 장식하기 좋은 소재로 다양한 색상으로 출시되며
잘라도 올이 풀리지 않는다. 다양한 크리스마스 디자인을 위해
크리스마스 테마의 쿠키커터를 본으로 활용할 수 있다. 펠트로 자른 모형을
빳빳한 카드에 붙인 뒤 앙증맞은 나비 모양 리본을 달아 마무리한다.

재료

원형 쿠키커터, 정사각형 펠트 조각, 연필, 가위, 6mm 너비의 체크무늬 리본, 접착제,
내용이 없는 빈 카드

1 카드에 동그란 트리 오너먼트를 표현하기
위해 원형 쿠키커터(혹은 유사한 물건)를
본으로 활용한다. 쿠키커터를 펠트에
올려놓고 연필로 테두리를 따라 그린다.
조심스럽게 오너먼트 모양을 잘라낸다.
카드를 한 장 이상 만든다면 펠트 모형을
한꺼번에 잘라놓으면 좋다.

2 체크무늬 리본을 약 5cm 길이로 잘라
반으로 접어 고리 모양을 만든다.
오너먼트 꼭대기 부분이 자리할 위치 바로
아래에 리본을 붙인다.
꾹 눌러 고정한다.

3 펠트로 만든 오너먼트 모형 뒤에 얇게
접착제를 발라 카드에 붙이는데 펠트 조각이
리본 끝을 가려야 한다. 꾹 눌러준 뒤
완전히 말린다.

4 체크무늬 리본으로 나비 모양을 만든다.
뒤쪽에 접착제를 조금 바른 뒤 오너먼트
앞면에 붙인다. 꾹 눌러 고정한 다음
완전히 말린다.

자수 선물 태그

수를 놓은 이 선물 태그는 스웨덴 전통 민속 예술의 모티프를 바탕으로 만들었다. 라벨로 쓰기에는 지나치게 정성이 많이 들어간 듯 보일 수 있지만 크리스마스트리에 걸어두고 해마다 즐길 수 있다.

1 118쪽의 태그 모양을 본뜬다. 본을 펠트에 옮긴 뒤 잘라낸다. 태그의 크기에 맞게 얇은 카드지를 자른다. 카드지와 펠트 태그 모형을 포개어 꼭대기에 리본을 끼울 구멍을 한꺼번에 뚫는다.

2 카드지를 한쪽에 치워둔다. 태그 위에 잘라낸 펠트 조각들을 올려놓는다. 수를 놓으면 조각이 고정되므로 따로 꿰맬 필요가 없다. 본의 자수 도안을 따라 각각의 태그에 수를 놓는다.
(자수 기법에 대한 설명은 107~109쪽 참고)

재료

연필,
작은 크기의 빨간색과 초록색,
분홍색, 크림색 펠트 조각,
가위,
작은 크기의 얇은 카드지,
회전식 펀치,
자수용 바늘,
밝은 색상의 수실,
원단용 접착제,
걸이용 고리를 만들 3mm 너비의 리본

3 짝을 이루는 카드지와 펠트 태그를 원단용 접착제로 붙이는데 리본을 끼울 구멍의 위치를 맞춘다.

4 리본을 짧은 길이로 자른다. 각 태그의 구멍에 리본을 끼우고 걸 수 있도록 매듭을 짓는다.

선물 주머니와 라벨

직접 만든 사탕과 쿠키는 훌륭한 크리스마스 선물이다. 이 선물들을 수놓은 하트 라벨과 진저브레드맨 라벨로 장식한 전통적인 갈색 종이봉투에 담아 전하는 것보다 더 좋은 방법이 있을까? 이 간단한 복고풍 장식에 빨간색과 흰색이 섞인 리본으로 크리스마스 느낌을 더했다. 장식 스티치가 가능한 재봉틀도 있지만 단순한 지그재그 스티치만으로도 동일하게 예쁜 효과를 낼 수 있다.

재료

두꺼운 갈색 종이, 공예용 칼, 커팅매트, 금속 자, 접착제나 양면테이프, 핑킹가위, 트레이싱지, 연필, 얇은 갈색 카드지, 펀치, 재봉틀과 빨간색 실, 끈, 얇은 흰색 카드지, 리본

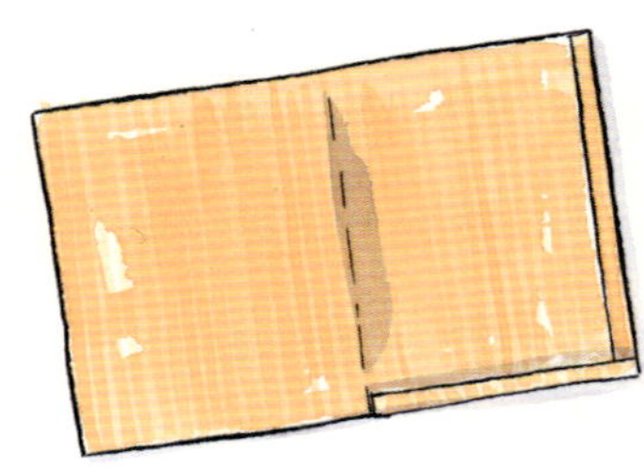

1 봉투를 만들기 위해 갈색 종이를 25×19cm 크기의 직사각형으로 자른다. 한쪽 옆선을 1cm 너비로 길게 접는다. 직사각형 종이를 반으로 접었다가 다시 편다. 옆선을 접지 않은 쪽의 아랫변을 1cm 너비로 기다랗게 잘라낸다.

2 옆선을 접은 쪽의 아랫변을 1cm 너비로 접는다.

3 접은 부분 두 곳에 양면테이프를 붙이거나 접착제를 바른다. 옆선과 아랫변을 나란히 맞추어 직사각형 종이를 반으로 접는다. 눌러서 가장자리를 봉한다.

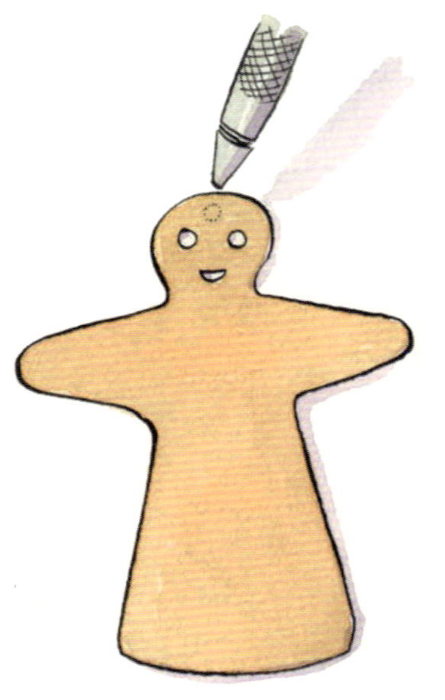

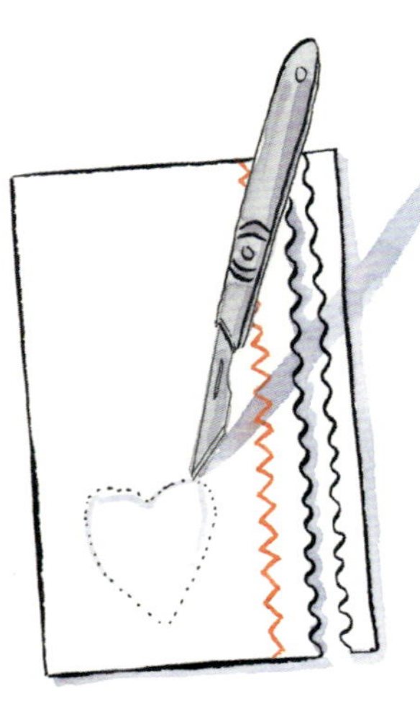

4 핑킹가위로 봉투 위쪽 가장자리를 물결 모양으로 자른다.

5 진저브레드 라벨을 만들기 위해 119쪽의 모양을 얇은 갈색 종이에 본뜬 뒤 잘라낸다. 펀치로 눈과 끈을 통과시킬 구멍을 뚫는다. 공예용 칼로 입을 오려낸다.

6 재봉틀을 이용하여 진저브레드 남녀 몸통에 가로로 장식 스티치를 몇 줄 넣는다. 선물에 매달 수 있도록 구멍에 끈을 끼운다.

7 5~6번 과정을 따라 흰색 카드지로 하트 라벨을 만든다. 펀치로 구멍을 뚫어 리본을 끼워도 되고 봉투에 두른 리본에 하트 라벨을 끼워 넣어도 좋다.

8 직사각형 라벨을 만들기 위해 흰색 카드지를 11×6.5cm 크기로 자른다. 한 변을 핑킹가위로 자른다. 모양을 낸 가장자리에서 1.5cm 떨어진 지점을 따라 지그재그 스티치를 넣는다. 라벨 아랫부분 반쪽에 공예용 칼로 하트 모양을 오려낸다.

패치워크 포장 & 카드

재활용품 상자에 모인 폐품들로 훌륭하고 독특한 선물 포장을 만들 수 있다.
1년에 걸쳐 오래된 라벨이나 제품 포장지, 우표, 봉투, 종이봉투, 오래된
만화책 등의 종잇조각을 모으자. 잡지에서 오려낸 이니셜이나 사진을
이용하여 가족이나 친구마다 포장을 달리할 수 있다.

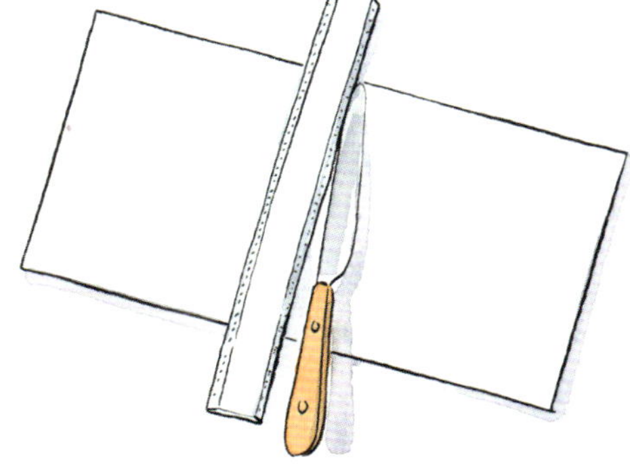

재료

갈색 종이(혹은 오래된 포장지),
라벨이나 우표, 봉투,
모눈종이 등의 종잇조각,
풀, 얇은 흰색 카드지,
금속 자, 연필, 공예용 칼,
커팅매트, 트레이싱지,
무늬가 없는 갈색과 빨간색 종잇조각,
펀치

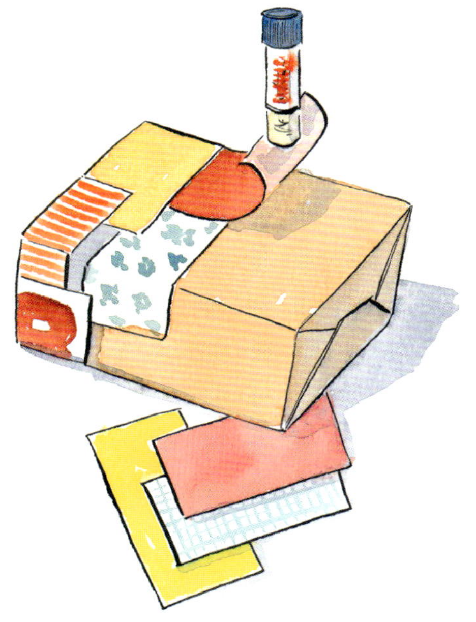

1 선물 포장을 만들기 위해 먼저 선물을
갈색 종이나 오래된 포장지로 감싼다.
종잇조각들의 크기를 달리하여
직사각형으로 여러 장 자른 뒤 패치워크를
하듯이 붙여 바탕의 포장지를 감싸기
시작한다.

2 크리스마스카드를 만들기 위해 흰색
카드지를 15×30cm 크기의 직사각형으로
자른다. 윗변과 아랫변의 중간 지점에
표시를 한다. 이 두 지점을 이어 자국을
남긴 뒤 카드지를 반으로 접는다.

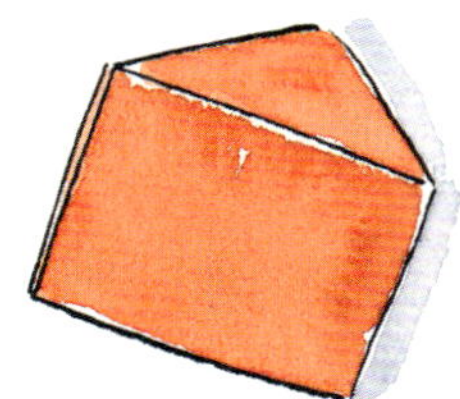

3 봉투와 모눈종이 조각 등으로 카드 앞면을
감싸 배경을 만든다. 117쪽의 본을
활용하여 새의 몸통 세 부분을 잘라낸다.
처음 두 조각에는 무늬가 없는 갈색과
빨간색 종이를 사용하고 날개의 동그란
부분은 봉투에서 나온 종잇조각을 이용한다.
펀치로 눈을 뚫는다. 카드의 오른쪽
가장자리에서 1cm 떨어진 지점에 새를
자리 잡아주고 풀로 붙인다.

4 새가 입에 물고 있는 미니 봉투를 만들기
위해 작은 봉투 모양을 잘라낸다. 양 옆의
날개를 접어 풀칠을 한 다음 옆선을 나란히
맞추어 봉투 아랫부분을 접어 올린다.

5 봉투의 위쪽 날개를 접되 이 부분은 풀로
붙이지 않는다. 안에 조그만 크리스마스
메시지를 넣을 수 있도록 열어둔다!

아이와 함께 : 감자 스탬프 선물 포장

감자 스탬프는 연령에 관계없이 모든 아이들이 좋아하는 전통적인 스탬프
기법이다. 쿠키커터를 활용하여 예쁜 모양을 만들 수도 있고 어른이라면
직접 예리한 칼로 다양한 모양을 만들어낼 수도 있다. 크리스마스에 어울리는
선물 포장을 위해 금속 느낌이 나는 물감을 활용해보자.

재료

중간 크기의 감자, 별 모양 쿠키커터, 도마, 예리한 칼, 종이 타월이나 마른 헝겊, 물감, 물감을 담을 접시,
스펀지 페인트 롤러, 흰색 무지 종이

1 표면이 가능한 평평하도록 감자를 반으로
자른다. 날이 예리한 쪽을 위로 향하게 하여
쿠키커터를 도마에 올려놓는다. 그 위에
감자를 올려놓고 꾹 눌러 5mm 정도만
남기고 쿠키커터가 감자 표면에 박히게
한다. 이렇게 하면 그 주변을 잘라낼 수
있다.

2 예리한 칼로 감자 가장자리를 잘라낸다.
가능한 별 모양이 선명하게 남도록
조심스럽게 작업한다. 감자 표면을 마른
헝겊이나 종이 타월 위에 놓고 눌러
물감을 묽게 만들 수 있는 지나친 물기를
제거한다.

3 물감을 접시에 짠 뒤 스펀지 페인트 롤러
끝부분을 이용하여 별 모양에 물감을 묻힌다.
디자인이 번질 수 있으므로 물감을 너무 많이
묻히지 않는다. 물감이 많이 묻었다면 감자
표면을 종이 타월로 살짝 빨아들여 과도한
양을 닦아낸다.

4 흰 종이에 스탬프를 찍기 시작한다.
디자인이 선명하게 찍히도록 감자를
종이에 누른 채로 좌우로 부드럽게 흔들듯
움직여준다. 이렇게 하면 감자 표면이
평평하지 않더라도 물감이 골고루 묻는다.
일정한 간격으로 별 모양을 계속 찍는다.
물감을 완전히 말린다.

선물상자

이 작은 선물상자의 형태는 동유럽 건축에서 자주 볼 수 있는 돔과 지붕 장식을 연상시키는데, 남은 벽지로 상자를 감싸면 이국적인 모습이 더욱 강조된다. 직접 만든 사탕을 채워 예쁜 리본으로 묶으면 사랑스러운 크리스마스 선물이 될 것이다.

재료

벽지나 포장지 조각, 39 x 35cm 크기의 얇은 카드지, 딱풀, 트레이싱지, 연필, 메스나 공예용 칼, 커팅매트, 구멍 크기가 6mm인 펀치, 망치, 리본

1 얇은 카드지에 벽지나 포장지 조각을 딱풀로 붙인다.

2 120쪽의 상자 모양을 본떠 확대한 후 윤곽을 카드지에 옮긴다.

3 메스로 모양을 조심스럽게 오려낸 뒤 펀치와 망치를 이용해 두 날개의 끝부분에 2개씩 총 4개의 구멍을 뚫는다. 나머지 두 날개엔 끝부분을 끼울 수 있는 기다란 구멍을 낸다.

4 상자의 형태를 잡기 위해 안쪽에 표시된
선들에 메스로 자국을 남긴다.

5 구멍을 뚫은 두 날개를 가지런히 포갠 뒤
나머지 두 날개의 기다란 구멍에 끼운다.

6 구멍에 리본을 끼우고 예쁘게 묶어
마무리한다.

단추와 종이로 만든 꽃

이 조그만 장식용 꽃은 대단히 빈티지한 매력을 지녔다. 선물 포장에 부착하거나 냅킨에 감은 뒤 빈티지 레이스 리본을 나비 모양으로 묶어 마무리한다. 중고 할인점에서 진주 단추를 찾아보자. 다양한 유형의 단추를 사용해볼 수 있는데 색을 입힌 작은 유리 단추도 사랑스럽다. 조그만 벨은 공예용품점에서 구입할 수 있다.

재료

작은 은색 벨, 가는 와이어, 와이어 커터, 진주 단추, 은색 주름지, 가위, 풀

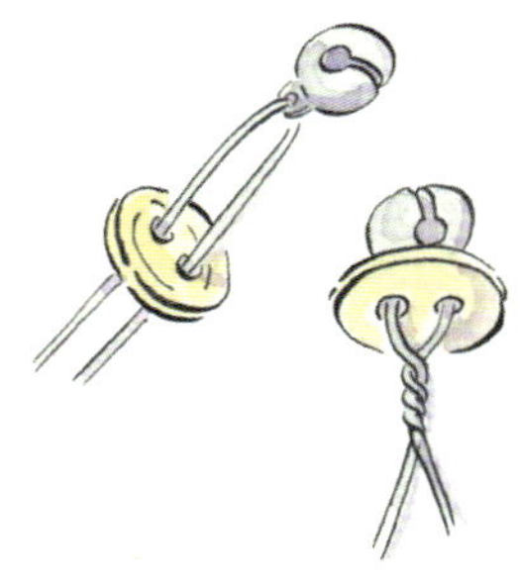

1 단추와 벨로 꽃을 만들기 위해 약 20cm 길이의 와이어에 벨을 끼운다. 와이어를 반으로 접은 뒤 단추를 끼우는데 와이어 양 끝이 각각의 단춧구멍을 통과하게 한다. 단추 바로 밑에서 와이어를 꼬아 고정한다.

2 은색 주름지로 작은 꽃잎 5장을 잘라 단추 뒷면에 붙인다.

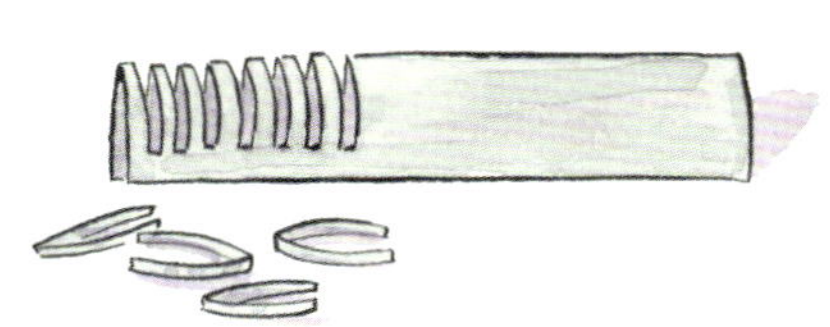

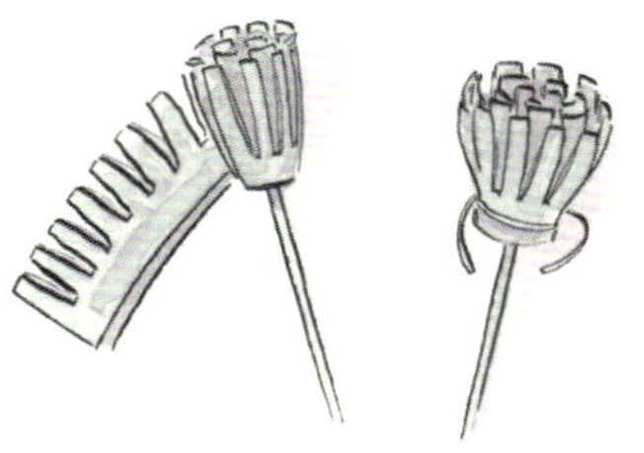

3 다른 종이꽃을 만들기 위해 주름지를 약 22×5cm 크기로 자른다. 길게 반으로 접은 뒤 접은 쪽의 가장자리를 따라 일정한 간격으로 가위집을 내어 술 장식을 만든다. 종이 끝까지 자르지 않도록 주의한다.

4 이 종이를 두 차례 반으로 접은 다음 약 10cm 길이의 와이어에 감는다. 둥글게 만 종이 둘레에 짧은 와이어를 감아 꽃을 고정한다.

5 은색 종이로 잎사귀를 몇 장 잘라 와이어로 된 줄기에 붙인다. 원한다면 주름지를 감기 전에 벨이나 단추를 끼워도 좋다.

chapter 3

선물

레브쿠헨

레브쿠헨은 생강과 향신료를 약간 넣은 독일식 전통 크리스마스 쿠키이다. 간단히 하얗게 아이싱을 할 수도 있고 화이트 초콜릿이나 다크 초콜릿으로 코팅을 해도 좋다.

재료 (약 30개 분량)

맑은 꿀 2큰술, 당밀 2큰술,
무염 버터 2½큰술(40g), 흑설탕 ⅓컵(75g),
오렌지 제스트 ½개,
레몬 제스트 ½개,
베이킹파우더가 든 밀가루 1¾컵(225g),
시나몬가루 ½작은술, 생강가루 2작은술,
넛맥가루 ¼작은술, 정향가루 약간,
소금 약간, 아몬드가루 ⅓컵(50g),
가볍게 푼 달걀 1개, 은색 식용 구슬

도구

여러 모양의 쿠키커터, 베이킹 양피지로
안을 댄 베이킹 팬 2개,
짤주머니(선택사항)

초콜릿 글레이즈 재료

잘게 부순 다크 초콜릿 1컵(175g), 해바라기 오일 1큰술

글라세 아이싱 재료

제과전문가용(아이싱) 슈거 2컵(250g), 물이나 레몬즙 2~3큰술

1 꿀과 당밀, 버터, 설탕, 오렌지 제스트, 레몬 제스트를 작은 냄비에 담는다. 약한 불에 올려 버터가 녹으면서 모든 재료가 잘 섞일 때까지 젓는다. 조심스럽게 불에서 내려 식힌다.

2 밀가루와 향신료들, 소금을 체에 내려 믹싱 볼에 담은 뒤 아몬드가루를 넣는다. 녹인 버터 혼합물과 풀어둔 달걀을 넣고 반죽이 될 때까지 섞는다.

3 반죽을 치대기 위해 깨끗한 작업대에 밀가루를 약간 뿌린다. 반죽을 공 모양으로 만들어 작업대 위에 놓고 누르는데 수시로 다시 둥글게 빚는다. 이 작업을 약 1분 혹은 부드러워질 때까지 한 뒤 반죽을 비닐 랩으로 감싸 냉장고에 최소 4시간 이상 또는 하룻밤 동안 넣어둔다.

4 레브쿠헨을 구울 준비가 되면 오븐을 180℃로 예열한다. 밀가루를 뿌린 작업대에서 밀대로 반죽을 5mm 두께로 민다. 쿠키커터로 모양을 찍어낸다.

5 레브쿠헨을 준비한 베이킹 팬에 놓고 15~20분 가량 혹은 가장자리가 갈색으로 변하기 시작할 때까지 굽는다. 식힘망으로 옮겨 식힌다.

6 레브쿠헨이 식으면 초콜릿 글레이즈를
   만든다. 내열성 볼에 초콜릿과 오일을 넣고
   끓기 시작한 물이 담긴 냄비나 낮은 온도로
   세팅한 전자레인지 안에 넣는다. 초콜릿이
   녹을 때까지 조심스럽게 저은 다음 10분
   가량 식혀서 사용한다.

7 글라세 아이싱을 만들기 위해 설탕을 체에
   쳐 볼에 담은 뒤 충분한 양의 물이나 레몬즙
   을 붓고 거품기로 서서히 저어 숟가락
   뒷부분에 코팅이 될 정도의 농도를 지닌
   매끈한 아이싱을 만든다. 더 묽게 만들려면
   물이나 레몬즙을 추가한다.

8 팔레트 나이프 혹은 숟가락 뒷부분으로
   초콜릿 글레이즈나 글라세 아이싱을 쿠키에
   바른다. 은색 구슬로 장식하거나 글레이즈
   또는 아이싱을 짤주머니에 넣어 쿠키 위에
   모양을 낸다.

아이와 함께 : 스노 글로브

크리스마스 분위기의 스노 글로브는 친구와 가족을 위한
훌륭한 선물로 아이들을 정말 즐겁게 만든다.

재료

뚜껑이 있는 빈 투명 유리병, 사포(선택사항), 은색 물감, 붓, 강력 방수 접착제나 방수 타일 접착제, 병에 넣을 크리스마스 장식,
물을 넣을 때 쓸 물병과 숟가락, 증류수, 글리세린, 투명 주방 세제, 반짝이 가루, 실리콘 실란트(선택사항)

1 병뚜껑을 은색 물감으로 칠한 뒤 완전히
건조한다(칠하기 전 살짝 사포질을 해도
좋다). 필요하면 색이 더 잘 입혀지도록
물감을 한 번 더 칠한 뒤 다시 말린다.

2 강력 접착제로 병뚜껑 안쪽에 장식을 붙인다.
장식이 너무 작다면 방수 타일 접착제로 작은
언덕을 만든 뒤 여기에 장식을 꾹 눌러
고정한다. 완전히 마를 때까지 그대로 둔다.

3 물병을 이용해 잼 병에 증류수를 붓는다.
거의 끝까지 물을 채운다. 글리세린 2작은술과
주방 세제 ½작은술을 넣고 젓는다. 반짝이
가루를 물에 대여섯 숟가락 정도 넣는다.
흰색이나 은색 반짝이 가루가 눈과 가장 유사한
반면 빨간색이나 초록색 같은 선명한 색상은
매우 활기찬 크리스마스 분위기를 낸다.

4 병 윗부분에 조심스럽게 뚜껑을 올린 뒤
돌려서 단단히 잠근다. 물이 새지 않아야
하므로 가장자리를 따라 실리콘 실란트를
얇게 발라 밀봉해도 좋다. 병을 뒤집으면
크리스마스 장식이 똑바로 선다.

페이퍼커팅 숲속 풍경

앞쪽에 버릇없는 여우가 서 있는 이 숲속 풍경은 매력적인 고급 민속 예술이자 아름다운 핸드메이드 선물이다. 선택한 정사각형 프레임에 맞추어 어떤 크기로든 만들 수 있다.

재료

트레이싱지, 연필, 흰색 A4용지, 커팅매트, 메스나 공예용 칼, 정사각형 액자, 작은 도화지, 대조를 이루는 색상의 A4용지, 딱풀

1 122쪽의 나무 모양을 본떠 흰 종이에 옮긴다. 액자 크기에 맞게 종이를 자르는데 나무가 정사각형 중앙에 오도록 한다.

2 종이를 커팅매트에 올려놓고 예리한 메스나 공예용 칼로 모양을 따라 오려낸다.

3 123쪽의 여우 모양을 본떠 도화지에 옮긴다. 윤곽을 따라 오린다. 아래쪽의 접는 선에 자국을 남긴 뒤 뒤로 접는다.

4 액자의 유리를 빼고 대조를 이루는 색상의 종이를 바탕에 끼운다. 나무 모양으로 자른 종이를 그 위에 놓고 두 군데 정도 풀을 살짝 발라 고정한다.

5 여우를 오린 도화지의 접은 부분에 풀을 살짝 바른 뒤 액자 맨 아래에 붙인다.

머랭 눈꽃

이 예쁜 눈꽃은 기본적인 머랭 혼합물로 간단히 만들었지만 은색의 식용
반짝이 가루나 구슬을 뿌려 크리스마스 느낌을 더했다.

재료 (약 12개 분량)

슈거 파우더 ¾컵(150g), 달걀흰자(중간 크기 2개 분량) 75g, 은색 식용 반짝이 가루,
은색 식용 구슬

도구

별 모양 깍지를 끼운 짤주머니, 베이킹 양피지로 안을 댄 단단한 베이킹 팬 2개

1 오븐을 200℃로 예열한다. 설탕을 작은 구이용 팬에 붓고 만져서 뜨거울 때까지
오븐에 5분 정도 넣어둔다. 손가락을 데지 않도록 주의한다!

2 오븐 온도를 110℃로 내린다. 달걀흰자를 크고 깨끗한 믹싱 볼이나 전기 믹서의
볼에 넣고 거품을 낸다.

3 뜨거워진 설탕을 흰자에 한꺼번에 부은 뒤 머랭 혼합물이 매우 뻑뻑하면서
하얗게 식을 때까지 약 5분 동안 빠른 속도로 계속 휘젓는다.

4 머랭 혼합물을 준비해둔 짤주머니에 떠 넣는다. 눈꽃 모양이 되도록 머랭을
베이킹 팬에 조금씩 짠다. 그 위에 은색 반짝이 가루나 은색 구슬을 흩뿌린다.

5 예열한 오븐에서 약 45분 혹은 바삭바삭하게 건조될 때까지 굽는다.
오븐을 끄고 문을 닫은 채로 그대로 두어 오븐 안에서 쿠키를 완전히 식힌다.

단추 모양 쿠키

이 작은 쿠키들은 크리스마스 양말을 채울 훌륭한 선물이다. 만들기 쉽고 포장하는 과정도 재미있다. 완벽한 맞춤 선물이 되도록 빈티지 스타일 단추 카드에 꿰매거나 작은 봉투에 넣어보자.

1 오븐을 160℃로 예열한다. 생강 쿠키를 만들기 위해 밀가루와 생강가루, 소금, 베이킹파우더를 체에 쳐 볼에 담는다.

2 버터와 설탕, 당밀, 시럽을 냄비에 넣고 약한 불에 녹여 섞은 다음 밀가루 위에 붓는다. 반죽이 뻑뻑해질 때까지 버터 혼합물과 밀가루를 한데 섞는다. 반죽이 끈적거리는 것 같으면 밀가루를 약간 더 추가한다. 비닐 랩으로 감싸 냉장고에서 약 5분 동안 식힌다.

재료

(46쪽의) 바닐라 쿠키 반죽 ½분량
생강 쿠키 반죽 재료(약 35개 분량):
다용도(일반) 밀가루 1½컵(190g) 및 작업대에 뿌릴 분량,
생강가루 1작은술,
소금 ½작은술,
베이킹파우더 1작은술,
무염 버터 ¼컵(60g),
연한 갈색 설탕 ¼컵(55g),
당밀 1큰술(20g),
연한 옥수수 시럽 1큰술(20g)

도구

다양한 크기의 원형 쿠키커터,
5mm 크기의 아이싱용 깍지,
팔레트 나이프,
베이킹 양피지를 안에 댄 베이킹 팬

3 밀가루를 약간 뿌린 작업대에 생강 쿠키 반죽을 올려놓고 밀대를 이용하여 반죽을 약 5mm 두께로 민다.

4 원형 쿠키커터로 다양한 크기의 단추 모양을 찍어낸다. 귀여우면서도 포장하기 쉽도록 지름을 5~8cm 사이로 작게 만든다. 더 작은 원형 커터 뒷면으로 모든 단추에 깔끔하게 테두리 무늬를 낸다.

5 식으면 3번과 4번 과정을 반복하여 바닐라 쿠키 반죽을 밀대로 민 다음 단추 모양을 찍어낸다.

TIP

선물로 주려면
단추를 카드지에 꿰매거나
리본에 끼운다.

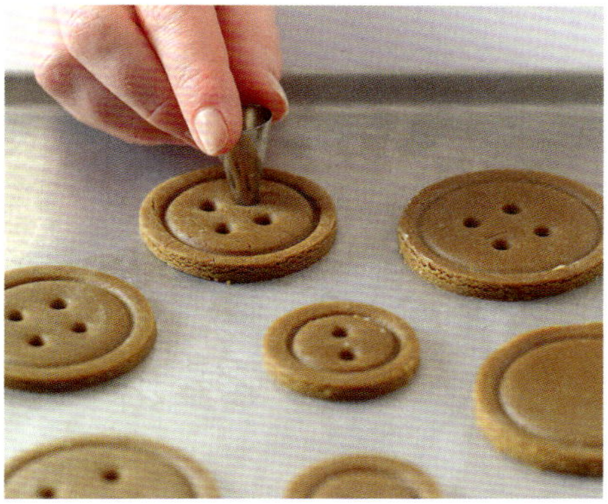

6 아이싱용 깍지를 이용하여 단추마다 2개 혹은 4개의 구멍을 깔끔하게 낸다. 깍지로 반죽을 찍은 뒤 살짝 비틀면 된다. 팔레트 나이프로 쿠키를 하나씩 들어 올려 오일을 바른 베이킹 팬에 올려놓고 냉장고에서 약 5분 동안 식힌다. 예열한 오븐에서 12~15분 정도 혹은 황금빛이 돌 때까지 굽는다.

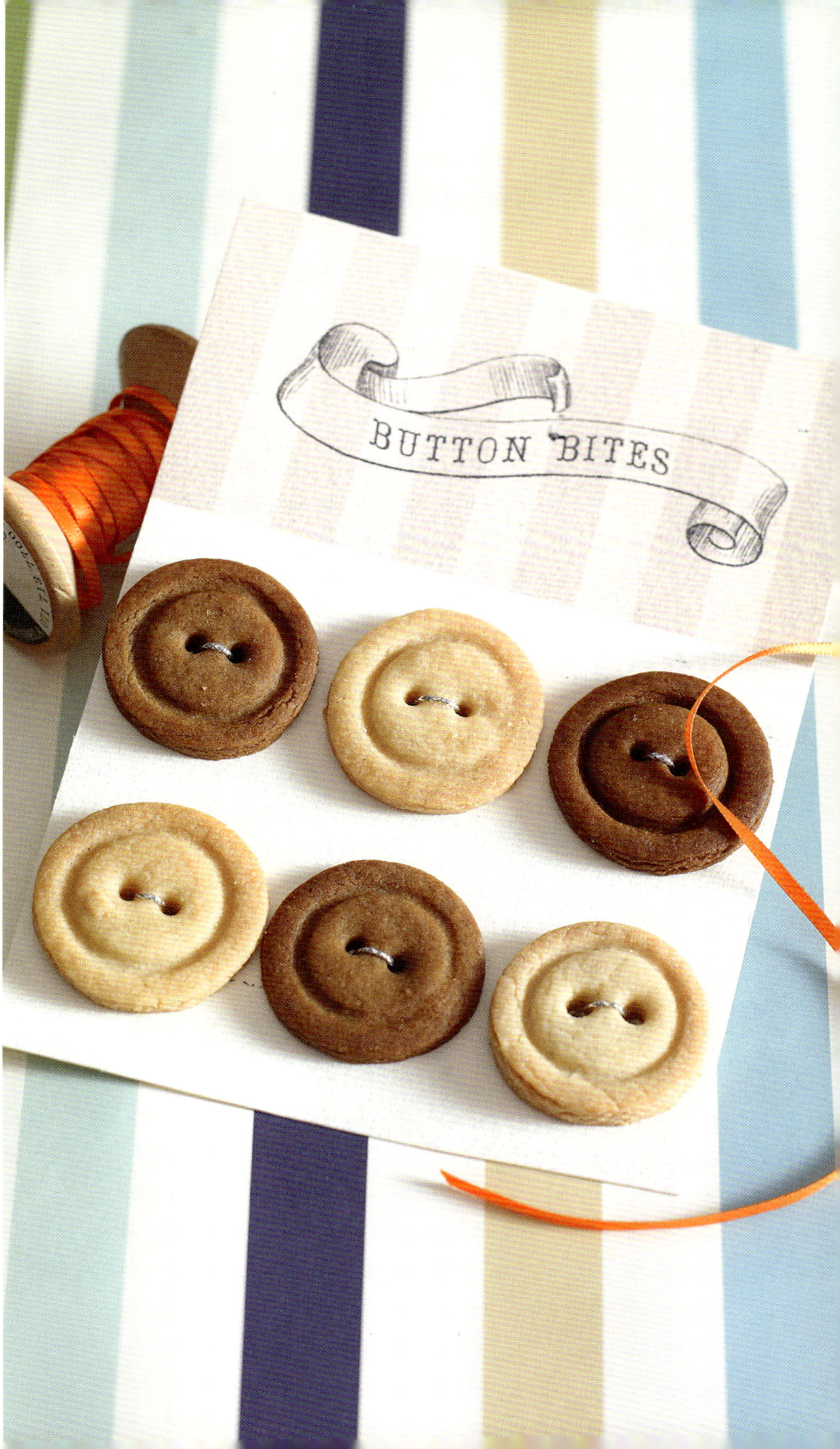

꽃신

이 작은 신발은 리넨으로 만들고 예쁜 원단으로 안감을 댔는데
간단한 불리언 넛 스티치로 매력적이고 입체적인 꽃 디자인을 구성했다.
어린 아이나 예비 엄마를 위한 완벽한 크리스마스 선물이다.

재료

가위, 약 30 x 30cm 크기의 겉감용 리넨 원단,
약 30 x 30cm 크기의 무늬가 있는 안감용 면 원단,
자수용 바늘, 파란색과 빨간색 수실, 시침핀,
재봉틀 및 어울리는 실

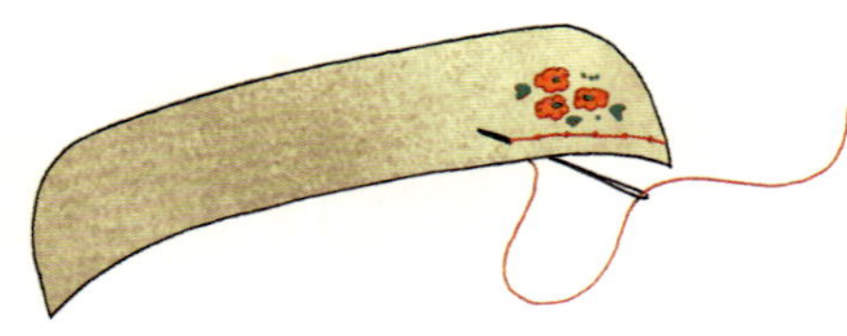

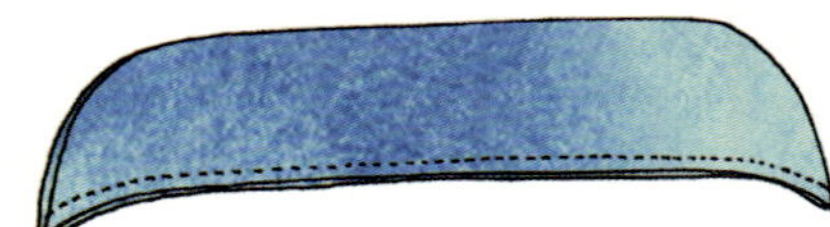

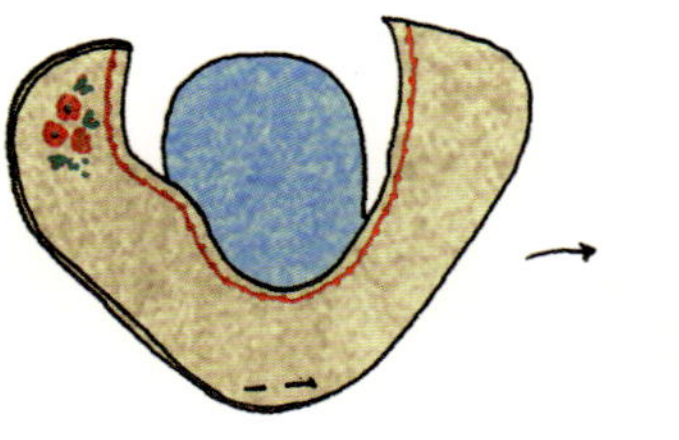

1 123쪽의 신발 모양과 모티프를 본떠 겉감 및 안감용 원단에서 발등과 발바닥 부분을 잘라낸다. 본의 자수 도안을 따라 신발 겉면에 꽃을 수놓는다(자수 기법에 대한 설명은 107~109쪽 참고). 신발 위쪽 가장자리에서 1.5cm 내려온 지점을 따라 한 줄로 수를 놓는다. 위쪽 가장자리가 자신을 향하도록 놓았을 때 오른발에는 오른편에 꽃을 수놓고 왼발에는 왼편에 수를 놓는다.

2 오른짝을 만들기 위해 겉감과 안감을 겉면끼리 마주보도록 포갠다. 시침핀을 꽂은 다음 솔기를 1cm로 하여 위쪽 가장자리를 따라 재봉틀로 바느질한다. 시접을 다듬은 다음 겉면이 바깥을 향하도록 뒤집어 다린다.

3 발등이 될 조각의 아래쪽 가장자리 중앙과 발바닥이 될 안감 중앙에 표시를 한다. 평평한 작업대에 발바닥이 될 안감을 겉면이 위를 향하게 하여 올려놓는다. 중앙 지점을 나란히 맞추어 발등 부분과 발바닥 부분을 포개 시침핀으로 고정한다. 곡선을 따라 원단을 조심히 움직여가며 발바닥이 될 안감에 발등 부분을 계속 시침핀으로 고정하는데, 수를 놓은 쪽이 무늬가 없는 쪽 위에 오도록 포갠다. 뒤꿈치 부분은 재봉틀로 바느질하고 나머지 부분은 가장자리를 따라 시침질한다.

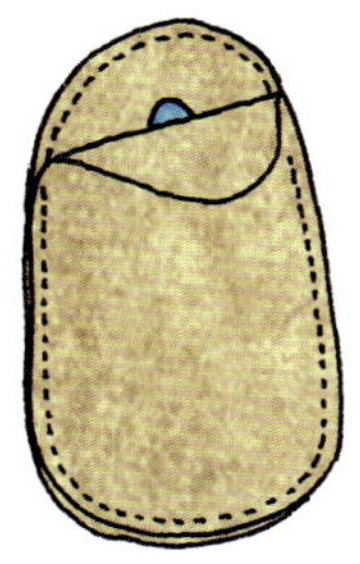

4 발등 부분 위에 발바닥이 될 겉감을
올려놓는다. 재봉틀로 바느질한 뒤꿈치
부분 바로 다음부터 핀을 꽂고 시침질하여
고정한다. 이 부분을 재봉틀로 바느질한다.
시침질한 바늘땀을 제거하고 시접을
다듬는다.

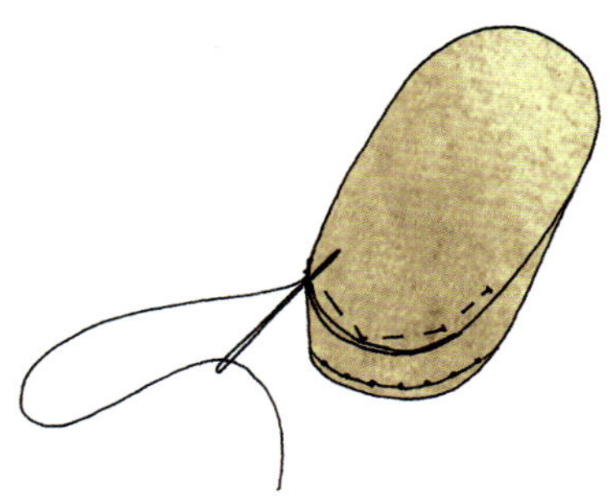

5 겉면이 바깥으로 나오도록 신발을
뒤집는다. 바느질을 하지 않은 발바닥
뒤꿈치 쪽 가장자리를 이미 꿰맨 솔기에
맞춰 접어 넣는다. 발등의 가장자리도
접어 넣은 뒤 뒤꿈치 부분에 공그르기를
하여 벌어진 틈을 꿰맨다.

6 같은 과정을 반복하여 왼짝을 만드는데
수놓은 부분이 위로 올라오도록 원단을
반대로 포개야 한다는 점을 기억한다.

오너먼트 쿠키

보통 오너먼트 모양의 쿠키커터는 여러 가지 모양 4~5개를 한 묶음으로
판매하는데 아주 단순한 것부터 화려한 것까지
종류가 다양하다. 크리스마스트리에 걸고 싶다면 굽기 전에
꼭대기에 구멍을 뚫도록 한다.

재료 (12~16개 분량)

연한 옥수수 시럽 2큰술, 큰 달걀 1개 분량의 노른자, 다용도(일반) 밀가루 1⅔컵(200g) 및
작업대에 뿌릴 분량, 베이킹파우더 ½작은술, 생강가루 1½작은술, 시나몬가루 1작은술,
방금 간 넛맥 ¼작은술, 소금 약간, 깍둑썰기하여 냉장한 무염 버터 7큰술(100g),
연한 머스코바도 설탕이나 연갈색 설탕 ⅓컵(75g), 로열 아이싱 슈거 2~3컵(350~500g)
분홍색과 보라색 식용 색소, 금속 색상의 식용 구슬, 다양한 식용 반짝이 가루

도구

오너먼트 모양의 쿠키커터,
나무 꼬치나 이쑤시개(선택사항),
베이킹 양피지로 안을 댄 단단한 베이킹 팬 2개,
일회용 짤주머니,
가는 리본(선택사항)

1 옥수수 시럽과 달걀노른자를 작은 볼에
넣고 한데 휘저어 섞는다.

2 밀가루와 베이킹파우더, 향신료들, 소금을
체에 쳐 푸드 프로세서(또는 믹싱볼)에 담고
버터를 넣는다. 버튼을 규칙적으로 눌러
작동시킨다. 혹은 버터를 손가락 끝으로
밀가루 반죽에 문지르듯 섞는다. 혼합물이
모래처럼 변하면서 덩어리진 버터가 보이지
않으면 설탕을 넣고 잘 섞이도록 다시 한 번
30초 정도 작동 버튼을 누른다(혹은 손가락
으로 섞는다). 섞는 동안 노른자 혼합물을
넣고 뭉치기 시작할 때까지 계속 작동시킨다
(혹은 나무 숟가락으로 섞는다).

3 밀가루를 아주 약간 뿌린 작업대에 혼합물을
올려놓고 부드럽게 치대 매끈한 공 모양으로
뭉친다. 반죽을 동글납작하게 만든 뒤 비닐
랩으로 감싸 냉장고에 1~2시간 넣어둔다.
오븐을 170℃로 예열한다.

4 깨끗하고 건조한 작업대에 밀가루를 약간
뿌리고 밀대를 이용하여 반죽을 2~3mm의
일정한 두께로 민다. 쿠키커터로 모양을 서로
바짝 붙여 찍어서 반죽으로 가능한 많은 양의
쿠키를 만든다.

5 준비해둔 베이킹 팬에 쿠키를 늘어놓는다.
남은 반죽을 뭉쳐 가볍게 치댄 뒤 밀대로
다시 밀어 반죽이 다 없어질 때까지 쿠키를
더 찍어낸다. 나중에 오너먼트를 트리에
매달고 싶다면 나무 꼬치나 이쑤시개로
꼭대기마다 구멍을 뚫는다.

6 쿠키를 예열한 오븐의 중간 선반에 넣고
10~12분가량 혹은 단단해지면서 가장자리
가 약간 갈색으로 변할 때까지 일정한 분량씩
나누어 굽는다. 필요하면 꼬치로 리본을
끼울 구멍의 형태를 다시 잡아주도록 한다.
아이싱을 하기 전에 쿠키를 베이킹 팬에
올려둔 채로 완전히 식힌다.

7 포장지의 설명에 따라 로열 아이싱 슈거로
아이싱을 만든다. 짰을 때 모양이 유지될
만큼 뻑뻑해야 하므로 알맞은 농도가
될 때까지 물을 조금씩 추가한다.
아이싱의 반을 다른 볼로 옮겨 분홍색
식용 색소로 물들인다. 나머지 반은
보라색으로 물들인다. 일회용 짤주머니에
분홍색 아이싱을 3큰술 채운다. 일부 쿠키에
아이싱으로 윤곽을 그린다. 원한다면
남아있는 분홍색 아이싱에 식용 색소를
추가해 더 진하게 만든 뒤 몇 개 더
윤곽을 그린다.

8 다른 짤주머니에 보라색 아이싱을 3큰술
떠 넣는다. 남아있는 쿠키에 보라색 아이싱으로
윤곽선을 그린다. 아이싱을 10분 동안 굳힌다.

9 동일한 혹은 다른 색상의 아이싱으로 윤곽선
안쪽을 채운다. 20분 동안 건조시킨다.
대조되는 색상으로 각각의 오너먼트에 무늬를
넣고 은색 식용 구슬과 반짝이 가루로 장식한다.
리본을 끼울 예정이라면 아이싱이 완전히
굳은 다음 가는 리본을 끼운다.

북극곰 물주머니 커버

커버를 씌운 포근하고 따뜻한 물주머니는 사랑스러운 크리스마스 선물로 소파 위에서 끌어안고 휴일에 방영되는 오래된 영화를 보기에 좋다. 자신이 가진 물주머니의 크기가 다르다면 주머니 테두리를 따라 본을 뜬 뒤 양 옆과 아래쪽에 2.5cm 크기로 시접을 남기고 위쪽은 젖힐 수 있도록 4cm를 추가해 새로운 본을 만든다.

재료

물주머니, 트레이싱지, 연필, 오래된 양모 스웨터, 가위, 기화성 펜, 크림색이나 흰색 뜨개실, 자수용 바늘, 검은색 수실, 재봉틀 및 어울리는 실

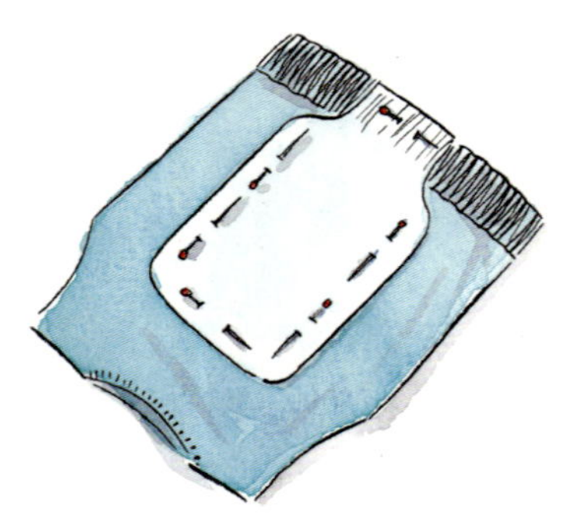

1 물주머니를 트레이싱지에 올려놓는다. 둘레를 따라 그린 뒤 잘라내 본을 만든다. 본의 입구 부분이 스웨터 아래쪽의 골이 진 가장자리에 오도록 시침핀으로 고정한다. 앞판과 뒤판을 잘라낸다.

2 121쪽의 북극곰 모양을 트레이싱지에 본뜬다. 잘라낸 뒤 커버 앞판의 위쪽 가장자리에서 약 15cm 내려온 지점 중앙에 시침핀으로 고정한다. 기화성 펜으로 윤곽을 따라 그린다.

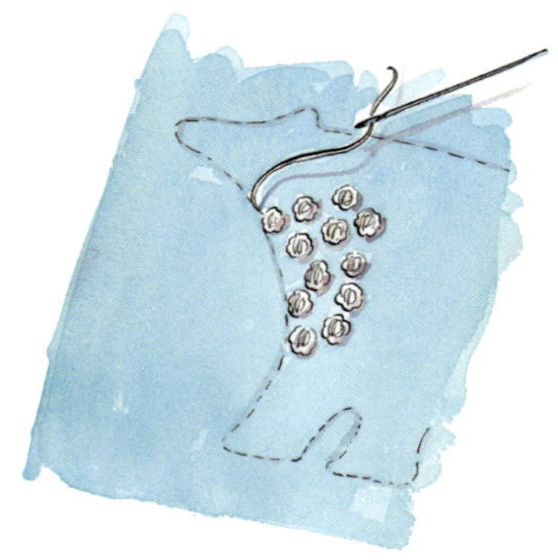

3 크림색 뜨개실을 이용해 북극곰을 불리언 넛 스티치로 채운다(109쪽 참고). 바늘에 뜨개실을 네 차례 감으면 멋진 둥근 매듭이 생기면서 사랑스러운 질감의 표면이 완성된다.

4 검은색 수실로 불리언 넛 스티치를 하여 눈을 만들고 새틴 스티치를 몇 땀 넣어 코를 만든다 (108쪽 참고).

On Angel Wing
by
Michael
Morpurgo

5 앞판과 뒤판을 겉면이 바깥을 향하도록
포갠 뒤 골 지게 짜인 윗부분만 시침핀으로
고정한다. 위에서 4cm 내려온 지점까지만
입구 양 옆선에 재봉틀로 지그재그 스티치를
넣는다.

6 겉면끼리 마주 보도록 앞판과 뒤판을 뒤집는
다. 시접을 1cm로 하여 양 옆선과 아래쪽
가장자리를 지그재그 스티치로 바느질한다.
시접을 다듬은 뒤 곡선 부분에 가위집을
내고 겉면이 바깥으로 나오도록 뒤집는다.

7 크림색 뜨개실로 지름이 약 4.5cm인
폼폼을 2개 만든다(34쪽 참고). 커버에
꿰매 부착할 수 있도록 실을 12cm 정도
남긴다. 주머니 위쪽 끝에서 4cm 내려온
지점, 즉 처음 넣은 지그재그 스티치의
끝부분에 폼폼을 단다. 물주머니를 반으로
접어 커버 안에 끼워 넣고 목 부분을 4cm
접어내려 마무리한다.

순록 쿠션

산타의 순록을 수놓은 쿠션이지만 연중 어느 때든 거실을 위한
멋진 장식품이 된다. 연한 회색의 펠티드 울에 수놓은 흰색 자수가
특히 매력적인 효과를 낸다.

재료

재봉용 먹지, 46 x 32cm 크기의 회색 펠티드 울, 자수용 바늘, 흰색 수실이나 뜨개실 라벨을
만들 12 x 5cm 크기의 노란색 펠트, 재봉틀 및 어울리는 실, 66 x 58cm 크기의 흰색 모직
원단, 가위, 시침핀, 30 x 50cm 크기의 베개 솜(쿠션 속통)

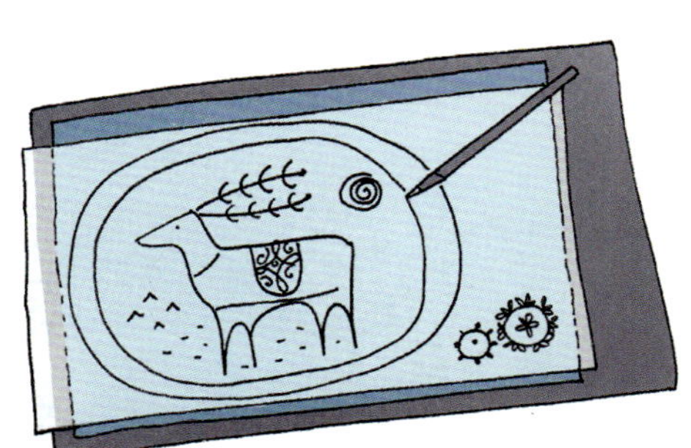

1 124쪽의 순록 모양을 본뜬 뒤 재봉용 먹지를
이용하여 회색 앞판에 옮긴다. 긴 두 변 사이
의 중앙, 왼쪽 가장자리에서 7cm 떨어진
지점에 디자인을 배치한다. 본의 자수 도안
을 따라 원단에 디자인을 수놓는다.
(자수 기법에 대한 설명은 107~109쪽 참고)

2 라벨을 만들기 위해 재봉용 먹지로 본의
디자인을 노란색 펠트 한쪽 끝에 본뜬다.
자수 도안을 따라 무늬를 수놓는다.
직사각형 원단을 반으로 접은 다음 양 옆선과
바깥쪽 가장자리를 따라 재봉틀로 바느질을
하는데 수놓은 부분이 가장자리에 바짝
붙도록 한다.

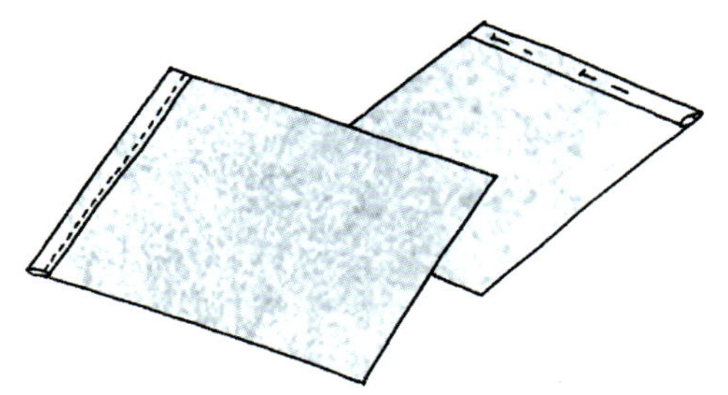 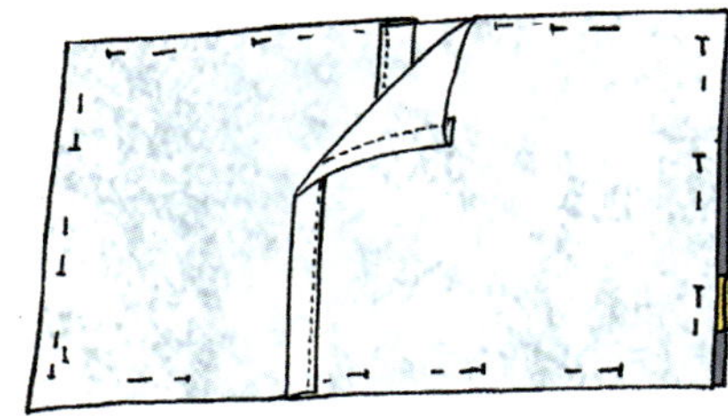 

3 흰색 원단을 34×32cm 크기의 직사각형과 32×26cm 크기의 직사각형으로 자른다. 길이가 32cm인 한 변을 1cm 크기로 두 번 접어 단을 만든다. 시침핀으로 고정한 뒤 재봉틀로 바느질한다. 다림질을 한 뒤 나머지 한 장에도 같은 과정을 반복한다.

4 앞판이 될 원단을 겉면이 위를 향하게 하여 작업대에 올려놓는다. 뒤판이 될 2장의 원단을 겉면이 아래를 향하도록 올려놓는데 단을 낸 가장자리가 가운데를 향하고 더 큰 원단이 위에 놓여야 한다. 라벨을 디자인이 아래를 향하게 하여 옆선의 앞판과 뒤판 사이에 끼워 넣는다. 라벨 가장자리와 베개 옆선을 나란히 맞추어 시침핀으로 고정한다.

5 솔기를 1cm로 하여 전체 둘레를 따라 재봉틀로 바느질을 한다. 시접을 다듬고 각 모서리를 잘라낸다. 뒤판의 구멍을 통해 겉면이 바깥으로 나오도록 뒤집은 뒤 다림질한다. 베개 솜(쿠션 속통)을 넣는다.

초콜릿 동전

먹을 수 있는 돈을 버는 놀라운 방법을 소개한다! 밀크 초콜릿과 다크 초콜릿으로 만들어 금색 식용 광택제를 입힌 이 동전은 남성을 위한 훌륭한 크리스마스 선물이다.

재료 (약 20개 분량)

화이트 초콜릿 100g, 밀크 혹은 다크 초콜릿 225g, 식용 접착제, 금색 식용 광택제

도구

붓, 깍지가 달린 플라스틱 병, 동전 모양 초콜릿 몰드, 종이 포일

 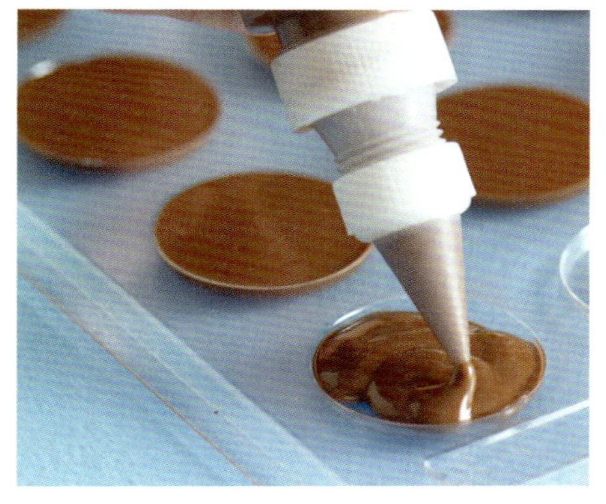 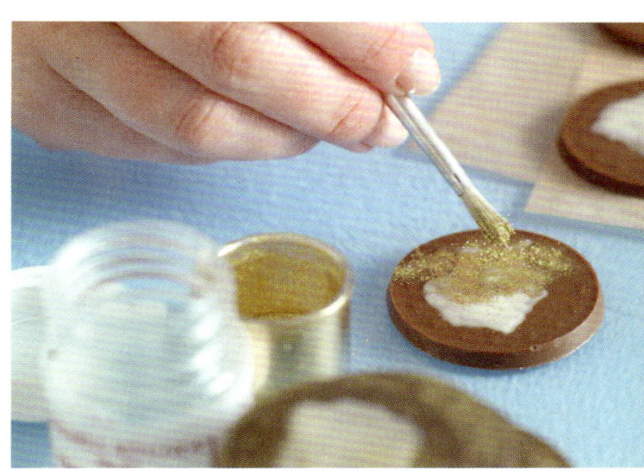

1 뜨거운 물이 담긴 냄비 위에서 화이트 초콜릿이 담긴 볼을 들고 직접 물에 닿지 않게 하면서 초콜릿을 녹인 다음 살짝 식힌다. 깍지가 달린 병을 이용하여 녹인 화이트 초콜릿을 동전 몰드의 얼굴 부분에 채운다. 몰드를 부드럽게 바닥에 탁탁 친 뒤 냉장고에 15분 동안 넣어둔다. 그동안 다크 초콜릿이나 밀크 초콜릿을 녹이다가 얼굴 부분의 화이트 초콜릿이 식으면 몰드의 남은 부분에 깍지가 달린 병이나 작은 물병을 이용해 채운다. 몰드를 부드럽게 바닥에 탁탁 친 뒤 냉장고에 최소 30분 이상 넣어둔다.

2 원한다면 한 가지 유형의 초콜릿만으로 몰드를 채워도 좋다. 이런 경우에는 원하는 종류의 초콜릿(다크나 밀크, 화이트)만 녹여 깍지가 달린 병이나 작은 물병을 이용해 동전 몰드를 채운다. 이때는 얼굴 부분을 채운 뒤 초콜릿을 식힐 필요가 없다. 몰드를 채웠으면 앞에서와 같이 몰드를 부드럽게 바닥에 탁탁 쳐 공기를 뺀 뒤 냉장고에 최소 40분 이상 넣어둔다.

3 초콜릿이 식어 단단해졌으면 초콜릿 동전을 부드럽게 빼내 종이 포일 위에 올려놓는다. 붓으로 동전에 식용 접착제를 조금 바른다. 금색 식용 광택제를 깨끗한 마른 붓에 묻혀 살살 두드려가며 뿌린다. 굳을 때까지 그대로 둔다.

진저브레드 도어스톱

집 모양의 도어스톱은 쉽게 구할 수 있지만 이 진저브레드 하우스는 훨씬
더 독특하다. 집은 갈색 물방울무늬 원단으로, 아이싱 부분은 물결무늬 장식으로
표현해보자. 지붕에 캔디 컬러의 예쁜 단추를 달아 달콤하게 마무리한다.
먹을 수 있는 집의 실제 버전은 14쪽에 소개했다!

재료

75 x 40cm 크기의 중간 두께 접착 심지, 가위, 75 x 40cm 크기의 원단, 시침핀, 바느질용 바늘 및 어울리는 실,
재봉틀, 흰색의 특대 물결무늬 장식 70cm, 5mm 너비의 벨벳 리본 70cm, 한 변이 10cm인 정사각형 갈색 펠트,
9 x 4cm 크기의 분홍색 펠트, 흰색의 중간 크기 물결무늬 장식 40cm, 폴리에스테르 솜이나 케이폭,
말린 콩이나 이와 유사한 소재, 20 x 19cm 크기의 흰색 펠트, 분홍색과 초록색의 중간 크기 물결무늬 장식 38cm,
지름이 약 1.5cm인 단추 12개, 원단용 순간접착제

1 제조업체의 설명에 따라 심지를 원단 안쪽에
붙인다. 125쪽의 본을 두 배 확대해 잘라낸다.
옆면 2장과 앞면 1장, 뒷면 1장, 지붕 2장,
바닥 1장을 자른다.

2 굴뚝을 만들기 위해 원단을 9×7cm
크기로 자른다. 겉면끼리 마주보도록
길게 반으로 접은 다음 긴 가장자리를
따라 재봉틀로 바느질한다. 솔기를 벌
려 다림질한다. 겉면이 바깥으로 나
오도록 천을 뒤집은 뒤 솔기를 중앙에
오게 하여 다린다. 솔기가 안쪽에 오

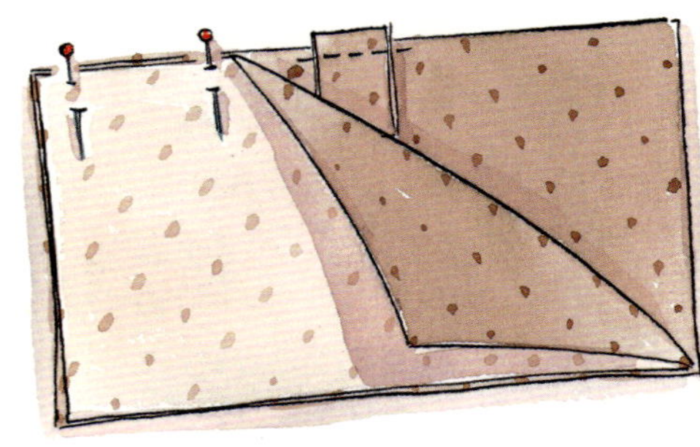

도록 천을 가로로 반 접는다. 한쪽 지붕 긴 변에 가장자리를 나란히 맞추어 올려놓고 핀을
꽂은 뒤 시침질한다. 그 위에 두 번째 지붕을 가장자리끼리 맞추어 올려놓고 핀을 꽂은 뒤
재봉틀로 바느질한다. 솔기를 벌려 다린다.

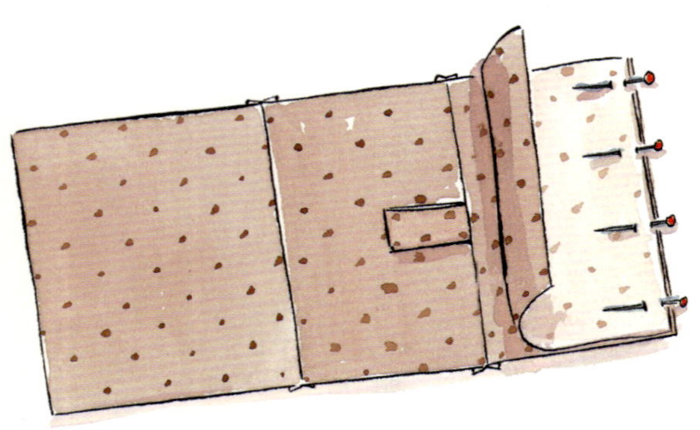

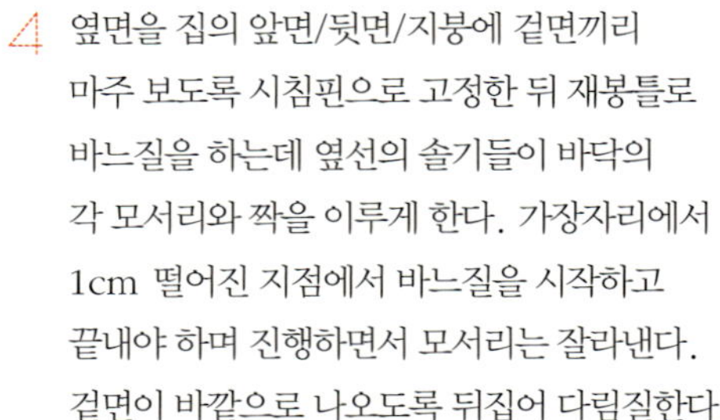

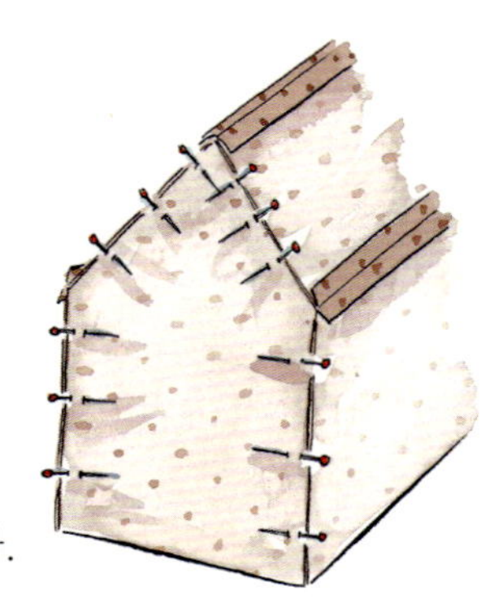

4 옆면을 집의 앞면/뒷면/지붕에 겉면끼리
마주 보도록 시침핀으로 고정한 뒤 재봉틀로
바느질을 하는데 옆선의 솔기들이 바닥의
각 모서리와 짝을 이루게 한다. 가장자리에서
1cm 떨어진 지점에서 바느질을 시작하고
끝내야 하며 진행하면서 모서리는 잘라낸다.
겉면이 바깥으로 나오도록 뒤집어 다림질한다.

3 집 앞면을 지붕의 긴 변에 겉면끼리 마주 보도록
포개어 시침핀을 꽂고 재봉틀로 바느질한다.
솔기를 벌려 다린다. 집 뒷면을 지붕의 반대편
긴 변에 바느질하여 연결한 뒤 솔기를 벌려
다림질한다.

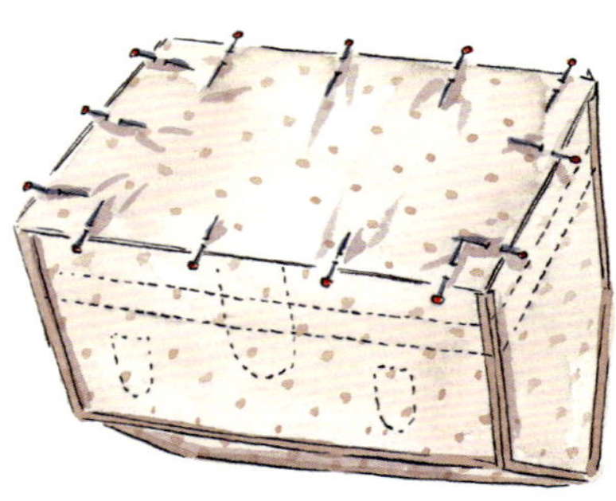

5 바닥에서 2cm 떨어진 지점을 따라 집
둘레에 특대 물결무늬 장식을 시침핀으로
고정한 뒤 꿰매는데 집 뒷면에서 양끝을
살짝 포갠 뒤 위에 놓인 끝을 안으로 접어
넣는다. 물결무늬 장식 바로 위에 벨벳
리본을 둘러 핀을 꽂고 재봉틀로 바느질하는
데 이번에도 양끝을 살짝 포개어 위에
놓인 끝을 안으로 접어 넣는다.

6 125쪽의 본을 이용하여 문과 하트 모양,
창문을 만들 종이 본을 잘라낸다. 갈색
펠트로 문 1개와 큰 창문 2개를 잘라내고
분홍색 펠트로 작은 창문 2개와 하트 모양을
잘라낸다. 촘촘한 스트레이트 스티치로
갈색 창문에 분홍색 창문을, 문에 하트
모양을 손바느질하여 꿰맨다. 중간 크기의
흰색 물결무늬 장식을 창문의 곡선 테두리에
러닝 스티치로 손바느질하여 단 다음 창문과
문을 집 앞면에 꿰맨다.

7 집 안쪽이 바깥으로 나오도록 뒤집는다.
바닥의 각 모서리와 집 옆선의 솔기를
맞추어 겉면끼리 마주 보도록 시침핀으로
고정한다. 재봉틀로 바느질을 하는데
가장자리에서 1cm 떨어진 지점에서
바느질을 시작하고 끝내야 하며 진행하면서
각 모서리는 잘라내고 뒤쪽 가장자리에
7cm 크기의 창구멍을 남긴다. 겉면이
바깥으로 나오도록 뒤집은 뒤 다림질한다.

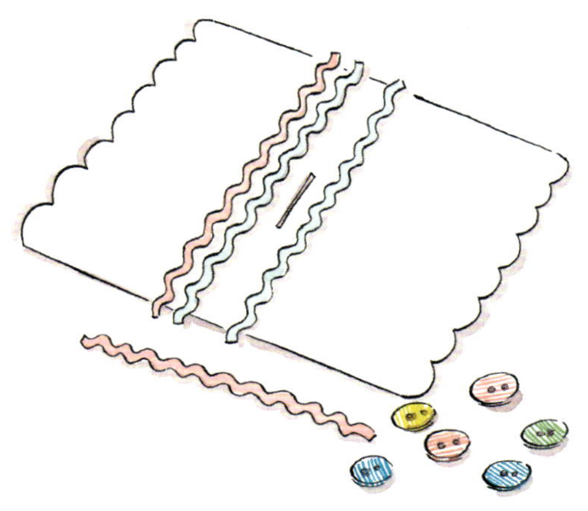

8 집 내부의 ¾ 정도를 폴리에스테르 솜이나 케이폭으로 채운 다음 남은 공간은 말린 콩이나 이와 유사한 소재로 채운다. 바닥의 창구멍을 손으로 꿰맨다.

9 125쪽의 본을 이용하여 흰색 펠트로 아이싱을 바른 지붕 모양을 잘라낸다. 표시된 위치에 굴뚝을 뺄 수 있도록 길게 구멍을 낸다. 분홍색과 초록색 물결무늬 장식을 반으로 자른다.

지붕 중앙에 낸 긴 구멍 양쪽으로 물결무늬 장식을 한 색상씩 시침핀으로 고정한 뒤 재봉틀로 바느질 하는데 양끝은 깔끔하게 뒤쪽으로 접어 넣는다. 펠트 지붕 양쪽에 단추를 각각 6개씩 단다. 집의 지붕이 놓일 면에 접착제를 바른 다음 굴뚝을 구멍으로 통과시키면서 지붕을 씌운다. 접착제가 마를 때까지 붙잡고 있어야 한다.

바느질 기법

본과 무늬 본뜨기

다른 언급이 없는 한 110~125쪽의 모든 본은 동일한 크기로 옮긴다. 본을 뜨려면 트레이싱지에 부드러운 연필로 접는 선과 자수 도안을 포함한 모든 선을 따라 그린다. 트레이싱지를 뒤집어 종이나 카드지에 올려놓는다. 부드러운 연필로 그린 선이 옮겨지도록 단단한 연필로 꾹꾹 눌러가며 윤곽을 따라 그린다.

필요하면 옮긴 선을 한 번 더 진하게 표시한 다음 종이나 카드지 본을 잘라 지시에 따라 활용한다. 책에서 직접 본을 뜰 수도 있고 먼저 해당 페이지를 복사해서 사용할 수도 있다. 필요하면 옮기기 전에 복사기를 이용하여 본을 확대한다. 본을 활용하여 천을 자르거나 원단에 자수 도안 혹은 문양을 옮기려면 기화성 펜이나 사라지는 재봉용 마커를 이용하면 좋다.

본이나 문양을 두꺼운 원단 혹은 어두운 색 원단에 옮기려면 재봉용 먹지를 앞면이 아래를 향하도록 원단에 올려놓는다.
그 위에 자수 도안을 놓고 볼펜으로 문양을 따라 그린다. 서로 다른 종류의 원단에 맞추어 다양한 색상의 먹지를 구입할 수 있다.

시침질

시침질은 시침핀이 방해가 될 경우 바느질을 하기 전에 2장 이상의 원단을 한데 고정하는 임시적인 방법이다. 까다로운 모서리에 바느질을 하거나 곡선 부분을 한데 꿰맬 때, 위에 한 겹을 더해야 해서 시침핀을 쓸 수 없을 때 유용하다.
손으로 시침질할 때는 땀을 크게 하여 홈질을 하고 마지막에 매듭을 짓지 않는다. 시침질한 바늘땀을 제거하고 싶으면 시작 부분의 매듭을 자른 뒤 실을 당긴다.

재봉틀로 바느질하기

재봉틀을 이용하여 성공적으로 바느질을 하려면 천천히 직선으로 박아야 한다. 통제 불능이 되지 않도록 속도를 제어하는 법을 배우자!

스트레이트 스티치

솔기에 바느질을 할 때 쓴다. 땀의 길이는 1~20까지의 눈금 중 10~12에 놓고 너비는 0을 택한다.

지그재그 스티치

시접을 마무리해 올이 풀리지 않게 하거나 기계 자수에서 새틴 스티치의 효과를 내기 위해 쓴다. 원단의 종류와 원하는 효과에 따라 땀의 너비가 다양해진다.

손바느질

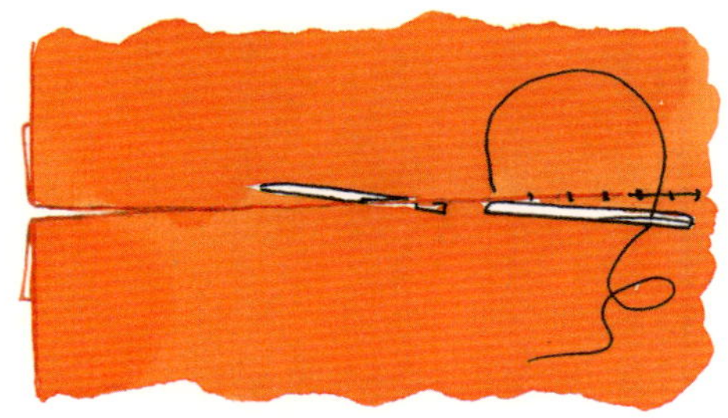

슬립 스티치(공그르기)

슬립 스티치는 창구멍, 예를 들어 겉면이 바깥으로 나오도록 원단을 뒤집기 위해 솔기에 틈을 남겨놓았을 때 이 구멍을 막는데 활용하며 한 원단에 다른 원단을 아플리케 할 때도 이용한다. 오른쪽에서 왼쪽으로 바느질한다. 바늘을 두 원단 사이에 넣어 위쪽 원단의 가장자리로 빼 매듭을 두 원단 사이에 숨긴다. 아래쪽 원단을 한두 땀 뜬 다음 바늘을 가까운 위쪽 원단 가장자리로 빼 실을 끝까지 당긴다. 마지막까지 이 과정을 반복한다.

스트레이트 스티치

스트레이트 스티치를 변형하여 시드 스티치와 스타 스티치(오른쪽 참고) 같은 자수 스티치를 완성할 수 있다.

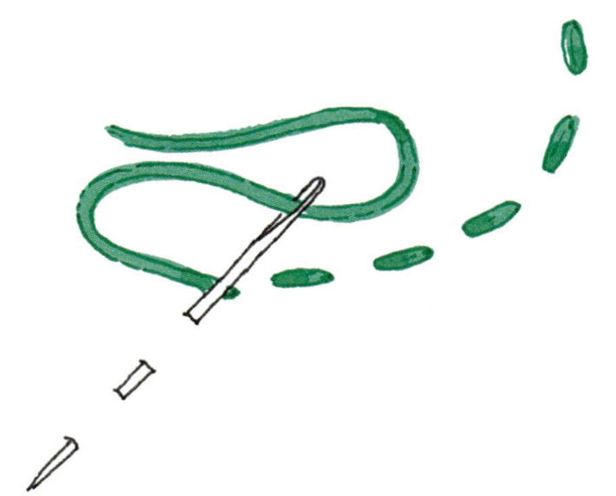

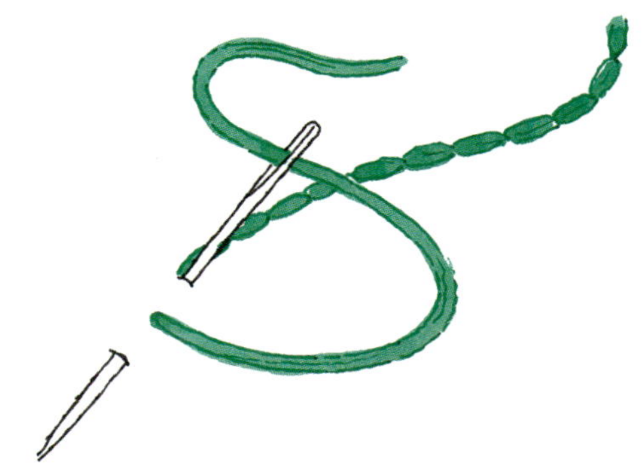

러닝 스티치

오른쪽에서 왼쪽으로 바느질한다. 작게 한두 땀을 떠서 실을 고정한 뒤 바느질 선을 따라 바늘을 원단 앞뒤로 통과시켜가며 몇 차례 작게 스티치를 한다. 바늘을 끝까지 잡아당긴 다음 이 과정을 다시 반복한다. 땀의 길이와 바늘땀 사이의 간격을 일정하게 유지하도록 한다.

백 스티치

오른쪽에서 왼쪽으로 바느질한다. 바느질선 끝에서부터 한 땀 크기만큼 왼쪽으로 간 지점에서 원단 앞으로 바늘을 뺀다. 그 지점에서 한 땀 크기만큼 오른쪽, 즉 바느질선 끝에 바늘을 집어넣었다가 처음 바늘을 뺀 위치에서 한 땀 크기만큼 왼쪽으로 나아간 곳에서 다시 바늘을 뺀다. 실을 끝까지 당긴다. 다음 땀을 시작하려면 첫 번째 땀 왼쪽 끝에 바늘을 넣는다. 이런 방식으로 끝까지 계속 바느질한다.

휘프트 백 스티치

한 줄로 백 스티치(왼쪽 참고)를 한다. 무딘 바늘을 첫 바늘땀 밑으로 통과시켜 위에서 아래로 실을 뺀 다음 끝까지 당긴다. 일렬로 늘어선 모든 땀에 같은 과정을 반복한다.

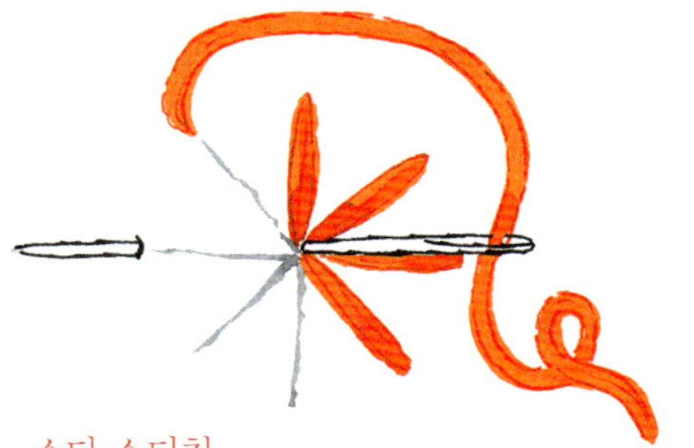

프렌치 넛

원단 뒤에서 앞쪽으로 바늘을 뺀다. 바늘 끝에 실을 두세 차례 감은 다음 바느질을 하지 않는 손의 엄지손톱으로 감은 실을 누르면서 바늘을 처음 뺀 위치에 다시 집어넣어 실을 끝까지 당긴다. 감은 실이 원단 표면에 작은 매듭 모양을 형성한다.

스타 스티치

동그라미 바깥쪽에서 중심으로 여러 차례 스트레이트 스티치를 하여 별 모양을 만든다. 원한다면 '별'의 뾰족한 끝에 프렌치 넛(오른쪽 참고)을 넣어 장식을 더할 수도 있다.

시드 스티치

매우 작은 스트레이트 스티치를 여기저기에 무작위로 두 땀씩 떠서 공간을 채운다.

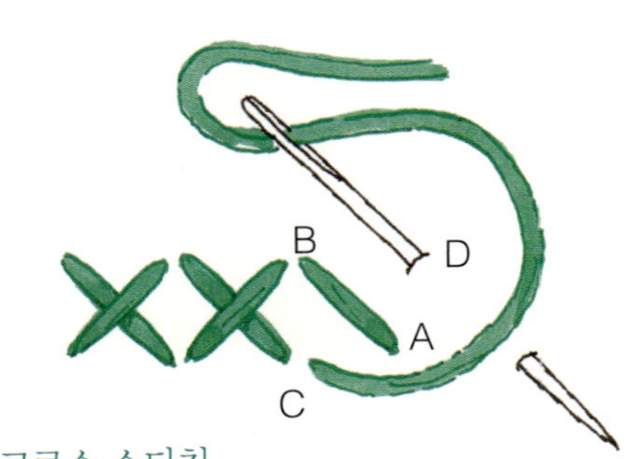

크로스 스티치

크로스 스티치를 한 땀 뜨려면 바늘을 A에서 앞으로 빼 B로 넣은 다음 C에서 빼 D로 넣는다.

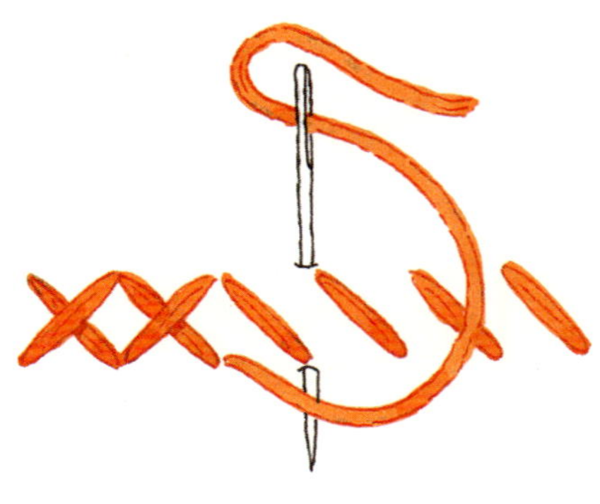

일렬로 줄지어 수를 놓으려면 오른쪽에서 왼쪽으로 사선으로만 스티치를 한 다음 방향을 바꾸어 처음의 스티치 위로 X자를 그리며 나머지 반을 수놓는다.

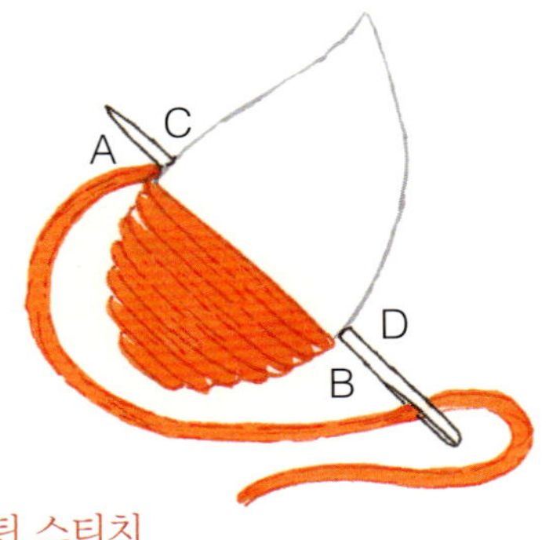

새틴 스티치

공간을 '채우는' 자수 기법으로 꽃잎이나 나뭇잎 등의 모티프에 유용하다. 왼쪽에서 오른쪽으로 작업한다. 원단에 모양을 그린 후 바늘을 A에서 빼 B로 넣고 C에서 빼 D로 넣는 식으로 형태를 가로질러가며 스트레이트 스티치를 한다. 바늘땀을 다닥다닥 붙여 실 사이로 원단이 보이지 않게 한다. 윤곽이 더 선명해지도록 가장자리를 따라 백 스티치를 해도 좋다.

체인 스티치

바느질선 끝에서 바늘을 앞으로 뺀다. 같은 지점에 바늘을 다시 넣었다가 조금 떨어진 곳에서 앞으로 빼는데 바늘 주위로 실이 고리 형태를 이루게 한다. 실을 끝까지 당긴다. 다음 땀을 위해 마지막에 바늘을 뺀 위치인 방금 만든 고리 안쪽에 바늘을 집어넣은 다음 조금 떨어진 곳에서 다시 앞으로 빼는데 이번에도 바늘 주위로 실이 고리를 이루게 한다. 계속해서 같은 과정을 반복한다.

디태치드 체인 스티치

왼쪽처럼 체인 스티치를 한 땀 뜬 뒤 고리 부분을 가로질러 짧게 스티치를 넣어 고리를 고정시킨다.

데이지 스티치

디태치드 체인 스티치 6~8개 정도를 원형으로 한데 모아 수놓아 꽃 모양을 만든다.

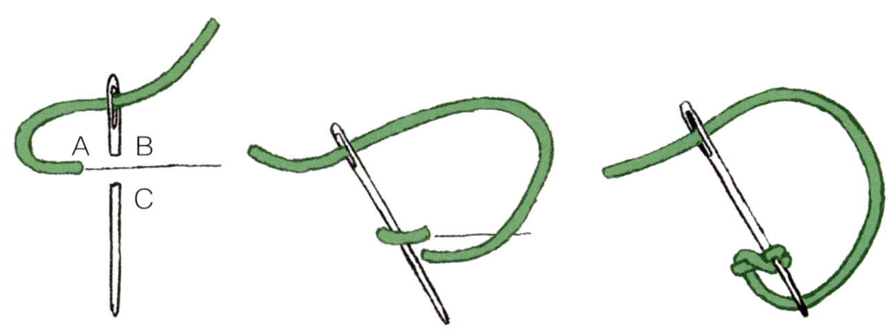

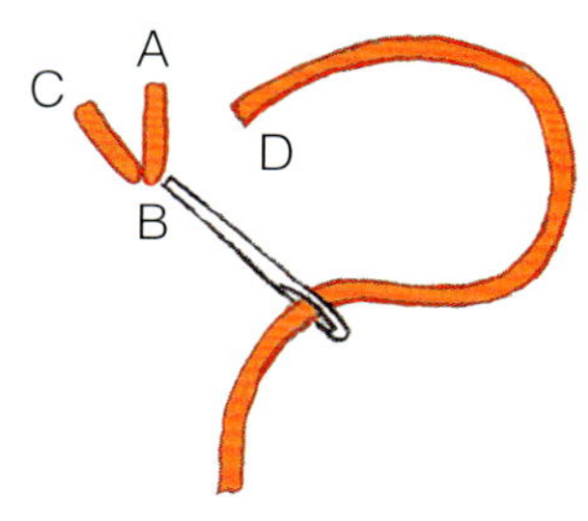

팔레스트리나 스티치

A지점에서 바늘을 원단 앞으로 뺀다. 바느질선 위쪽의 B지점에 바늘을 찔러 넣은 다음 선 아래의 C에서 다시 뺀다. 바늘을 원단에 꽂지 말고 스티치 밑을 지나도록 위에서 아래로 통과시킨다. 끝까지 부드럽게 당긴다.

바늘을 동일한 스티치 밑으로 다시 한 번 통과시키는데 앞서 지난 위치보다 오른쪽을 통과해야 하며 바늘이 실 위로 지나가야 한다. 부드럽게 끝까지 당긴다. 필요한 만큼 계속 수놓는다.

펀 스티치

바늘을 A에서 원단 앞으로 빼 B로 집어넣는다. C에서 바늘을 빼 B에 집어넣는다. 그런 다음 D에서 바늘을 빼 다시 B에 집어넣어 스티치를 완성한다. 바늘을 B지점 바로 밑에서 앞으로 빼계속 수를 놓는다.

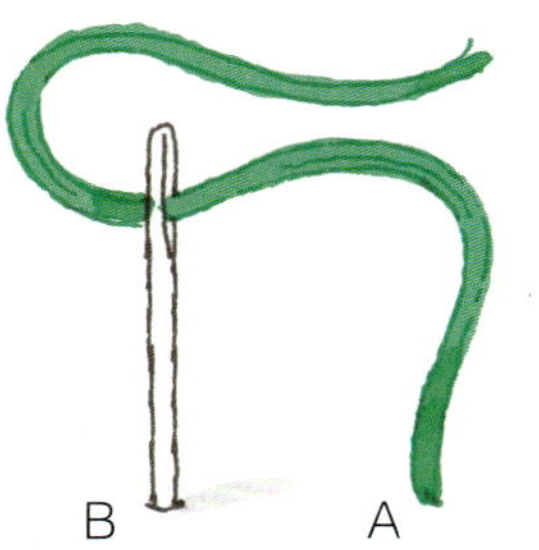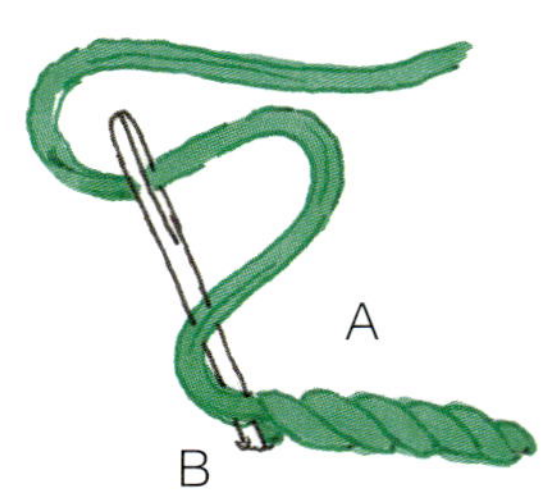

불리언 넛

프렌치 넛(107쪽 참고)과 비슷하지만 매듭 부분에 실을 더 길게 감는다. 바늘을 A에서 앞으로 빼 B에 꽂는데 끝까지 당기지 않고 실을 느슨한 고리 형태로 남긴다. A와 B 사이의 거리가 당신에게 필요한 매듭의 길이이다. 바늘을 다시 A로 빼 바늘 주위에 실을 5~8차례 감는데 원하는 길이에 따라 횟수는 달라질 수 있다.

실을 감은 부분을 왼손으로 붙잡고 바늘을 끝까지 당긴다. 바늘을 B에 넣고 끝까지 당기면서 꼬인 형태의 스티치가 깔끔하게 자리 잡도록 매만진다.

본

본을 확대해야 하는 경우도 있는데 가장 쉬운 방법은
복사기를 이용하는 것이다. 확대할 비율은 설명해두었다.
본뜨는 법에 대한 설명은 106쪽을 참고한다.

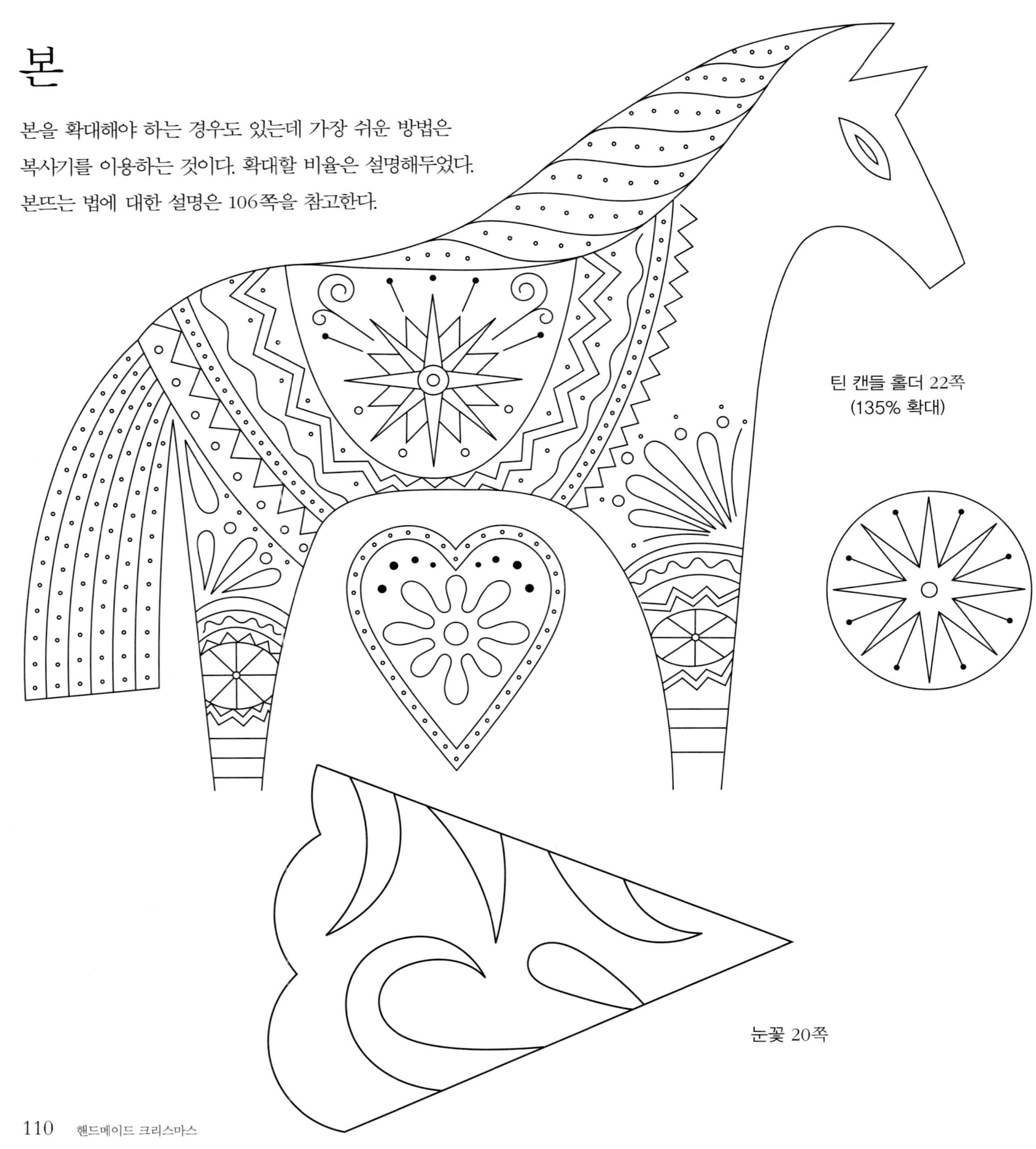

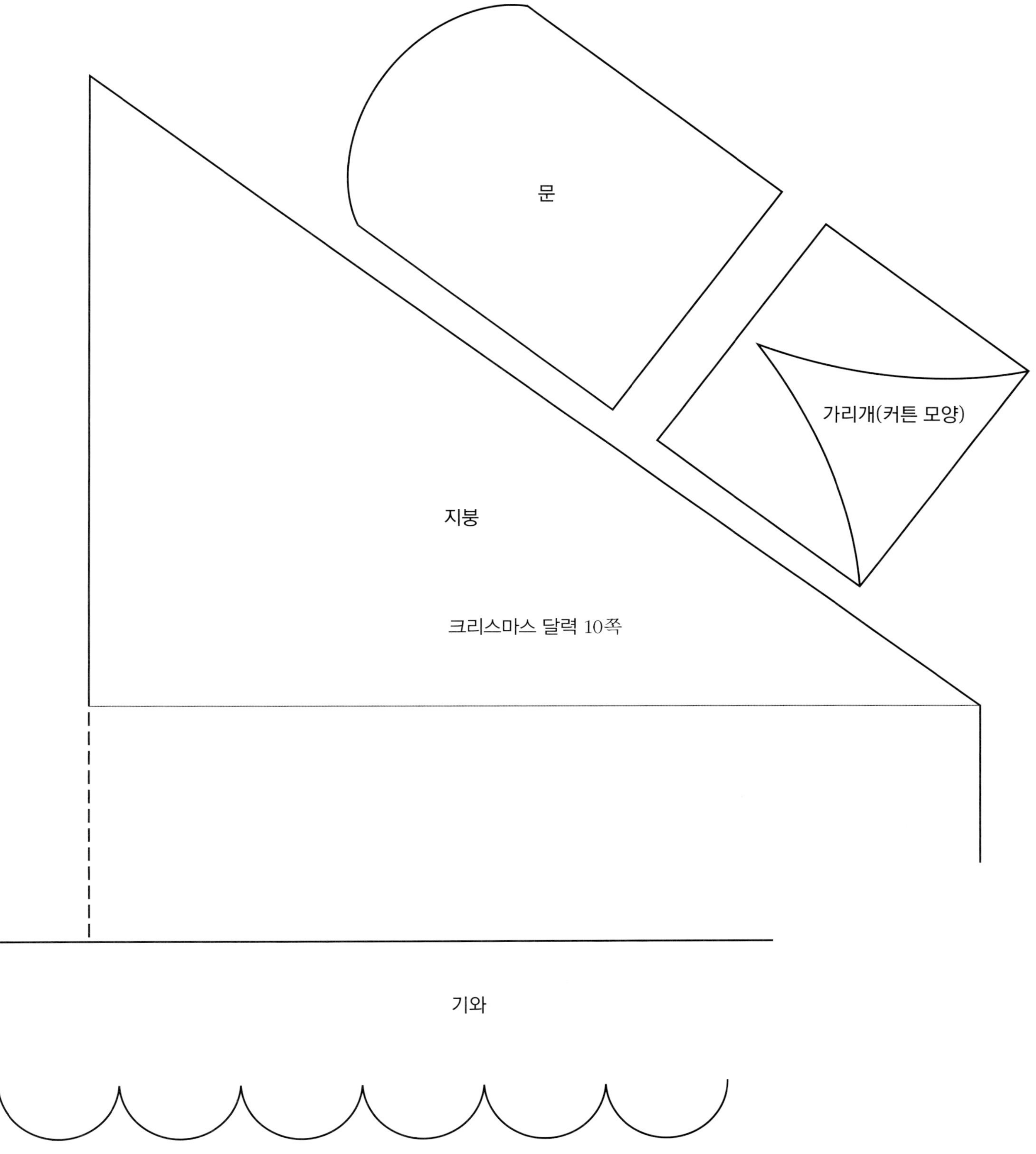

문
가리개(커튼 모양)
지붕
크리스마스 달력 10쪽
기와

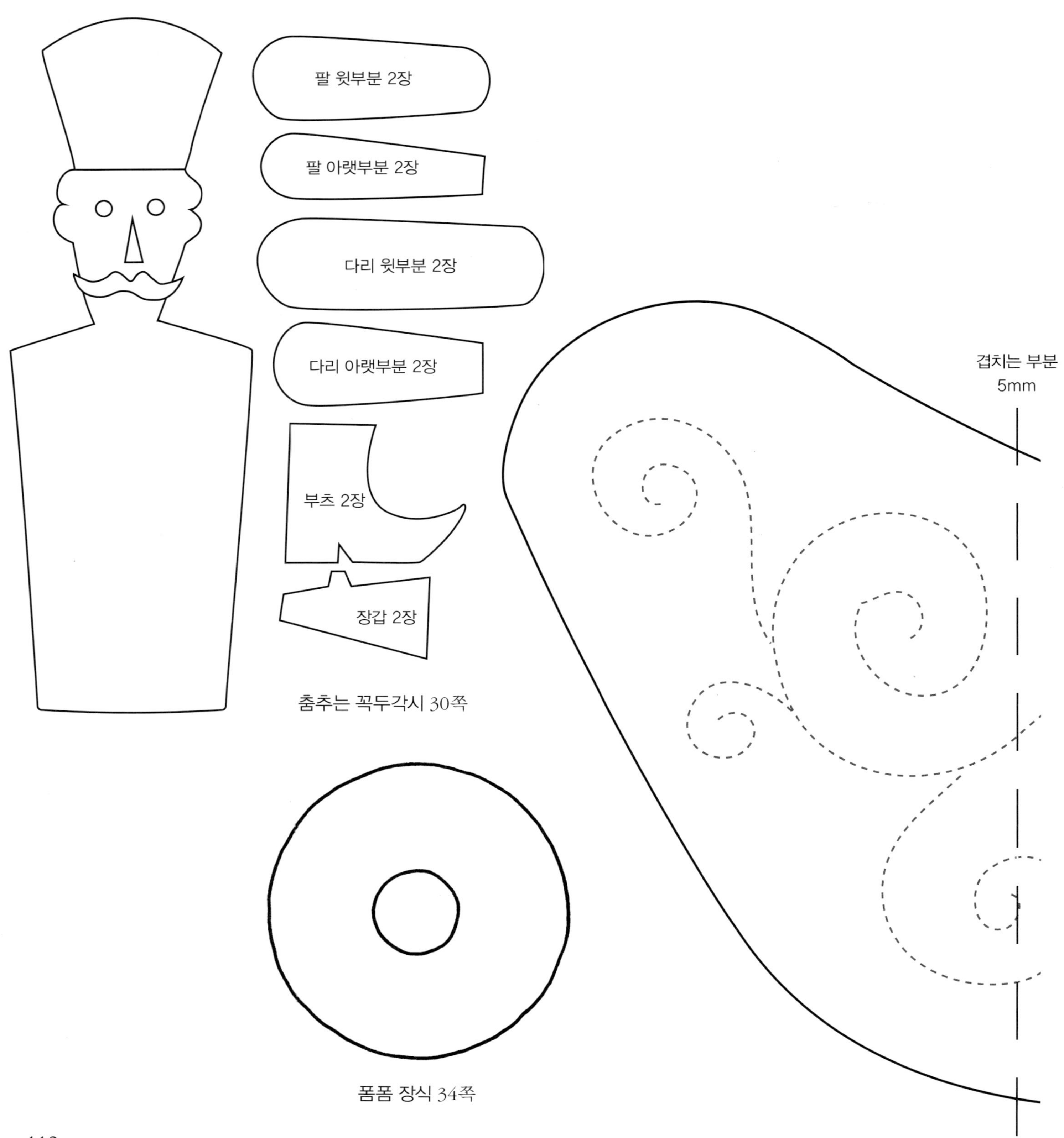

팔 윗부분 2장
팔 아랫부분 2장
다리 윗부분 2장
다리 아랫부분 2장
부츠 2장
장갑 2장
춤추는 꼭두각시 30쪽
폼폼 장식 34쪽
겹치는 부분
5mm

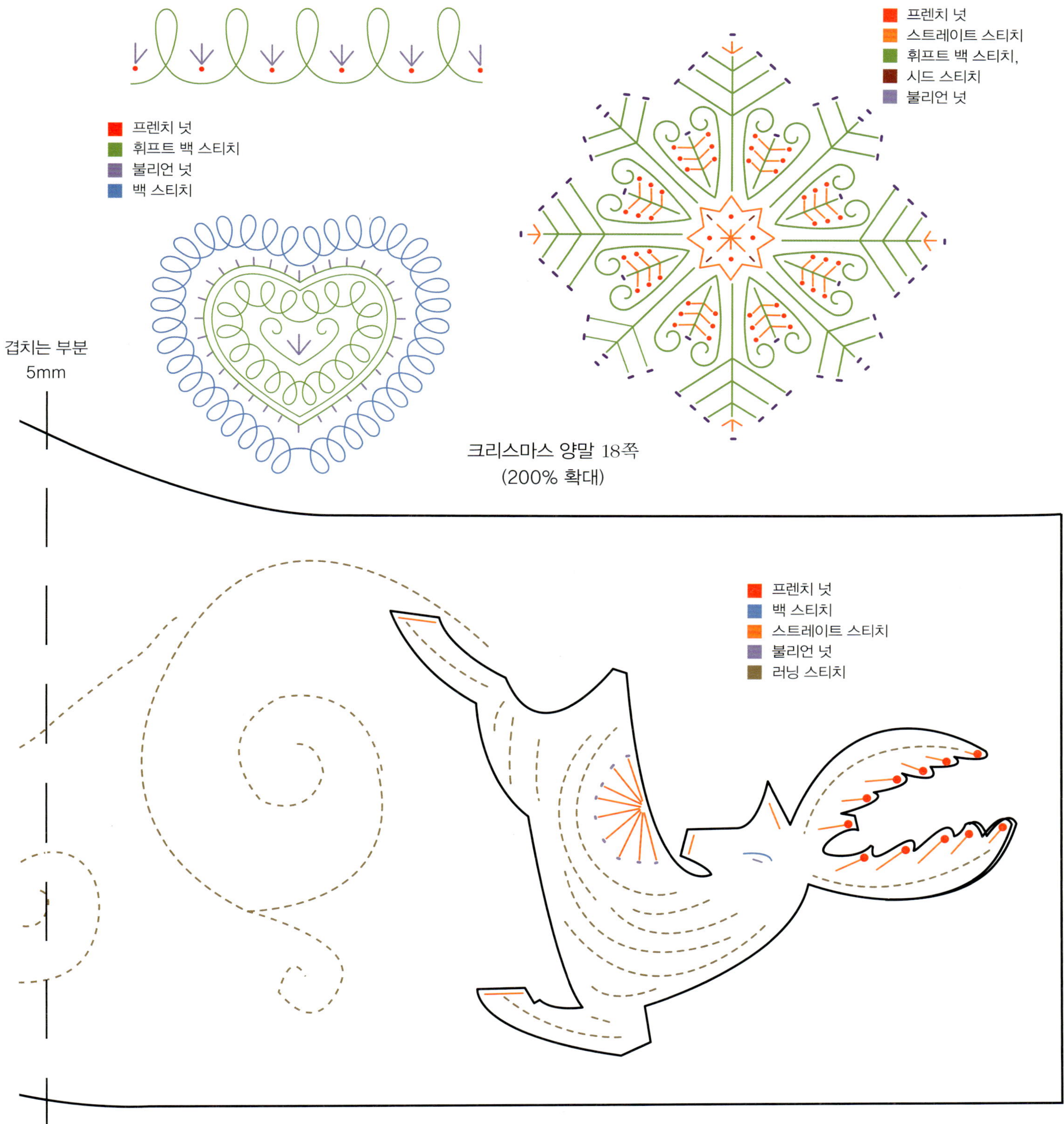

프렌치 넛
휘프트 백 스티치
불리언 넛
백 스티치

프렌치 넛
스트레이트 스티치
휘프트 백 스티치,
시드 스티치
불리언 넛

겹치는 부분
5mm

크리스마스 양말 18쪽
(200% 확대)

프렌치 넛
백 스티치
스트레이트 스티치
불리언 넛
러닝 스티치

겹치는 부분
5mm
새 모양 틴 클립 38쪽
눈꽃 갈런드 40쪽

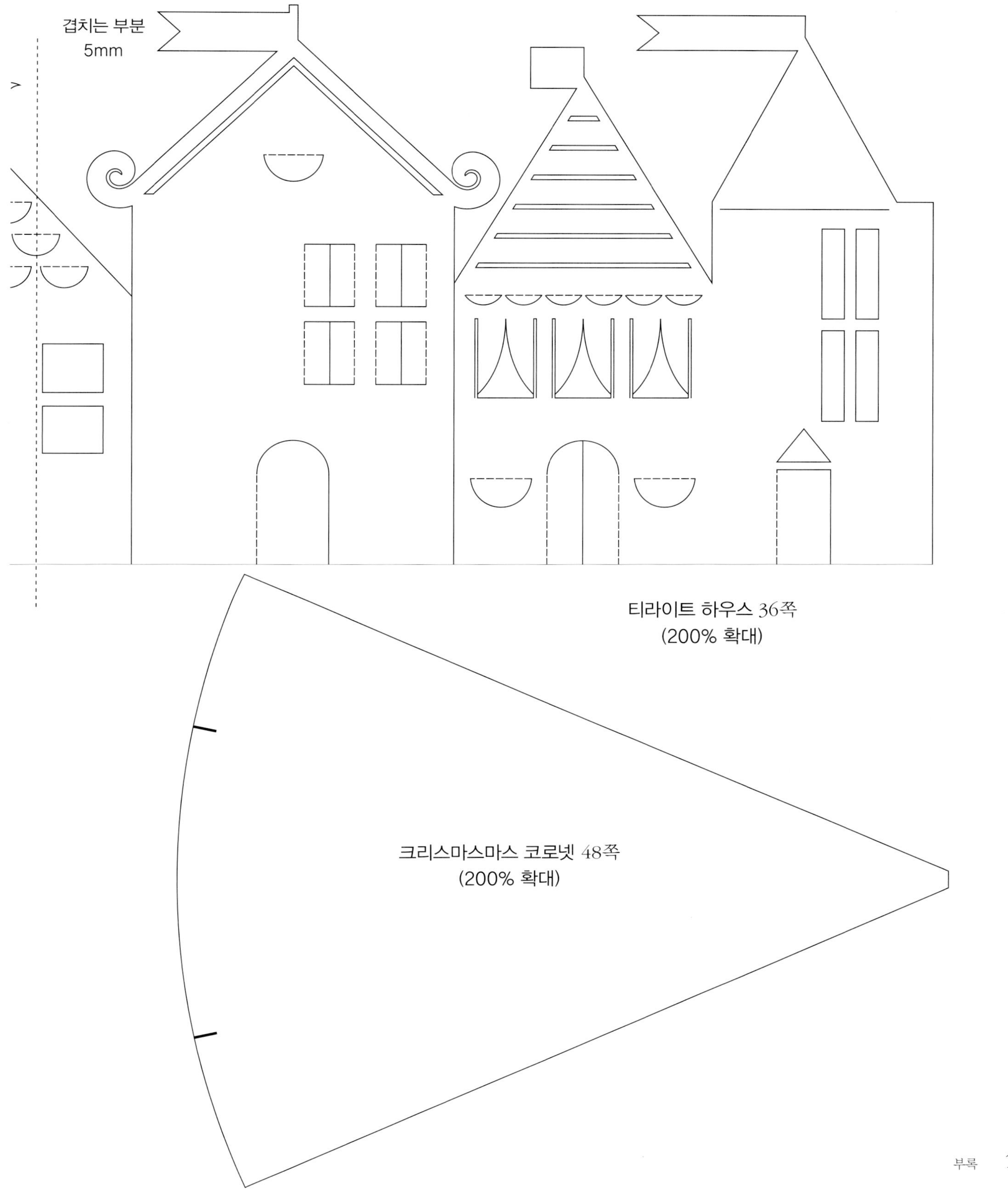

겹치는 부분
5mm
티라이트 하우스 36쪽
(200% 확대)
크리스마스마스 코로넷 48쪽
(200% 확대)

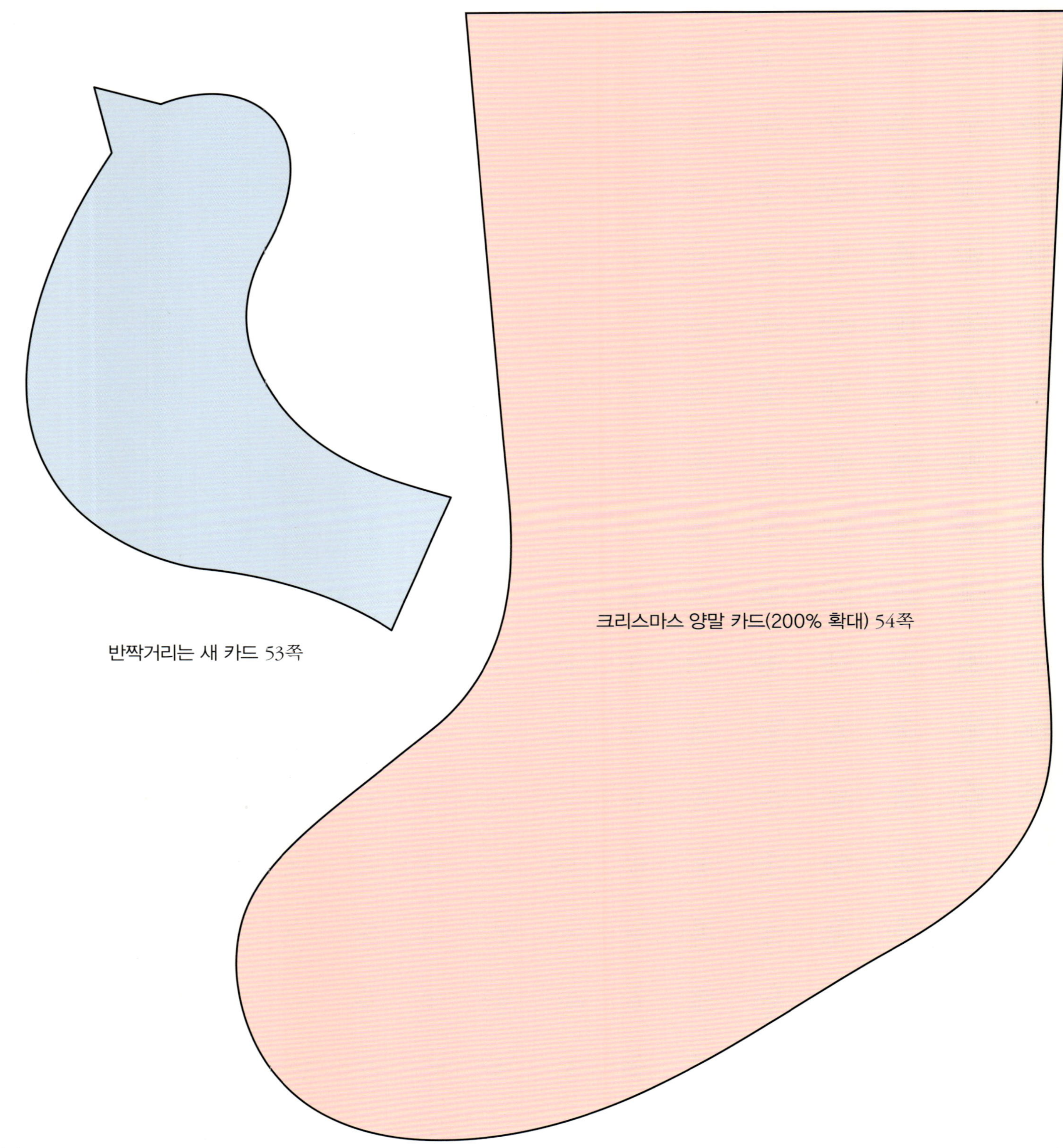

반짝거리는 새 카드 53쪽
크리스마스 양말 카드(200% 확대) 54쪽

고무 스탬프 카드 60쪽
개똥지빠귀 둥지 카드 57쪽
패치워크 포장 & 카드 69쪽

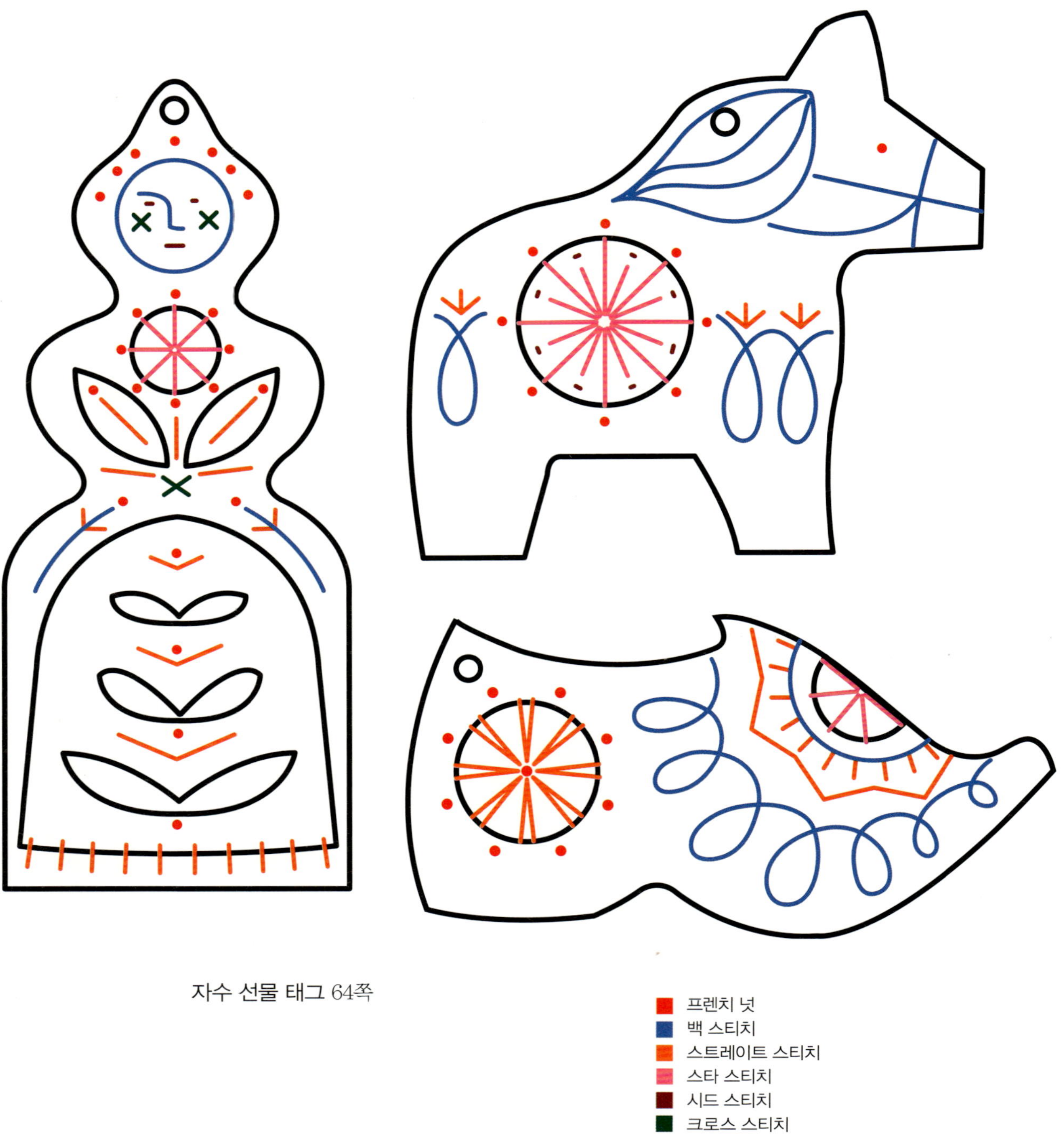

자수 선물 태그 64쪽

선물 주머니와 라벨 66쪽

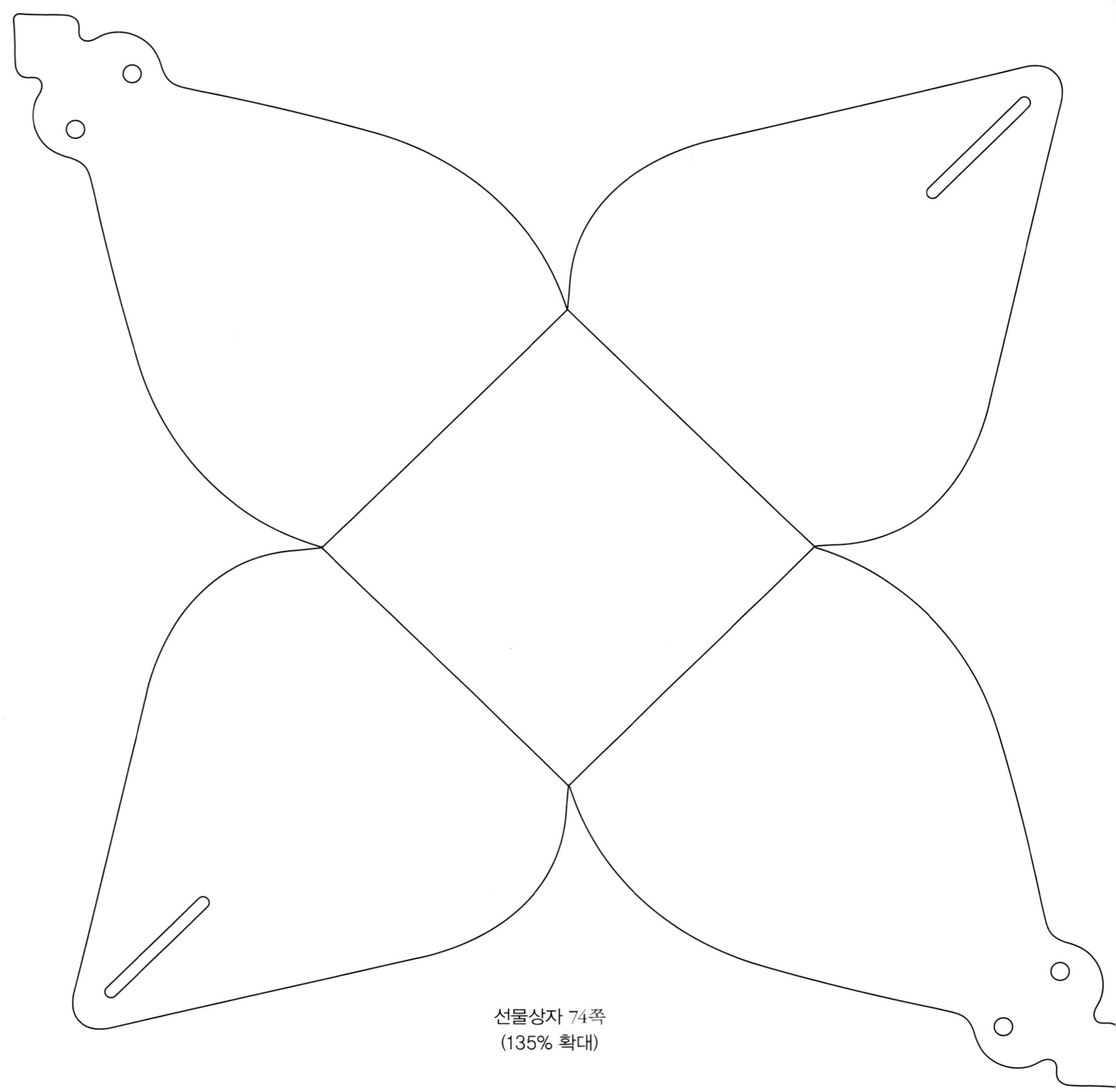

선물상자 74쪽
(135% 확대)

북극곰 물주머니 커버 94쪽

페이퍼커팅 숲속 풍경 85쪽

페이퍼커팅 숲속 풍경 85쪽

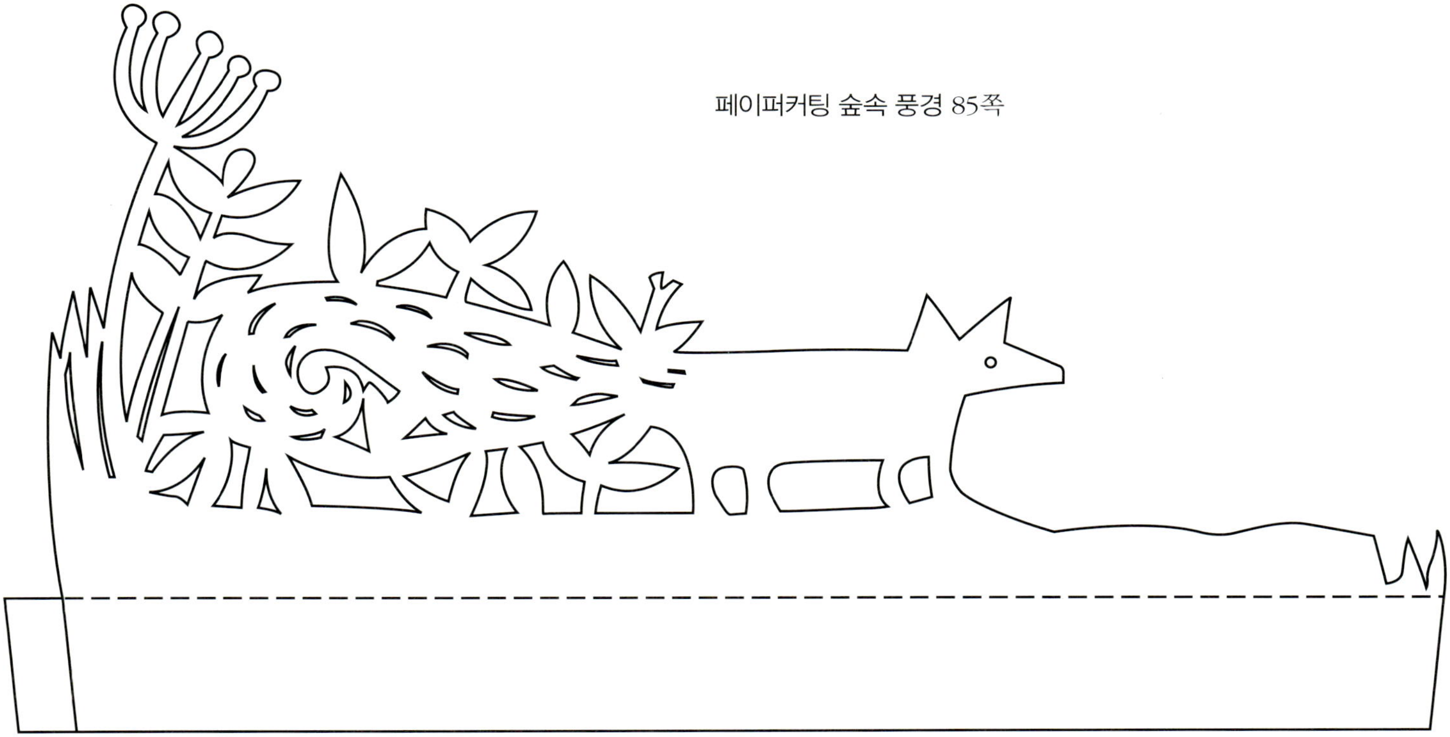

꽃신 90쪽

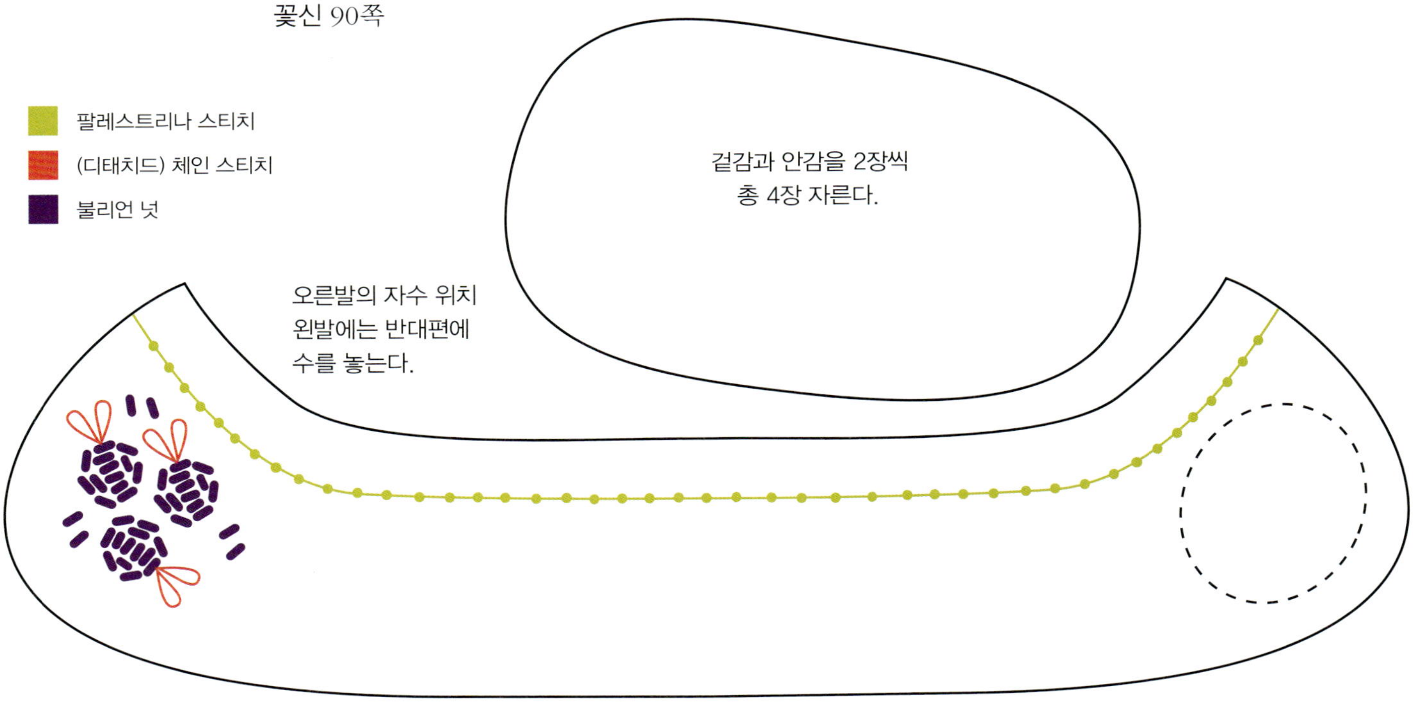

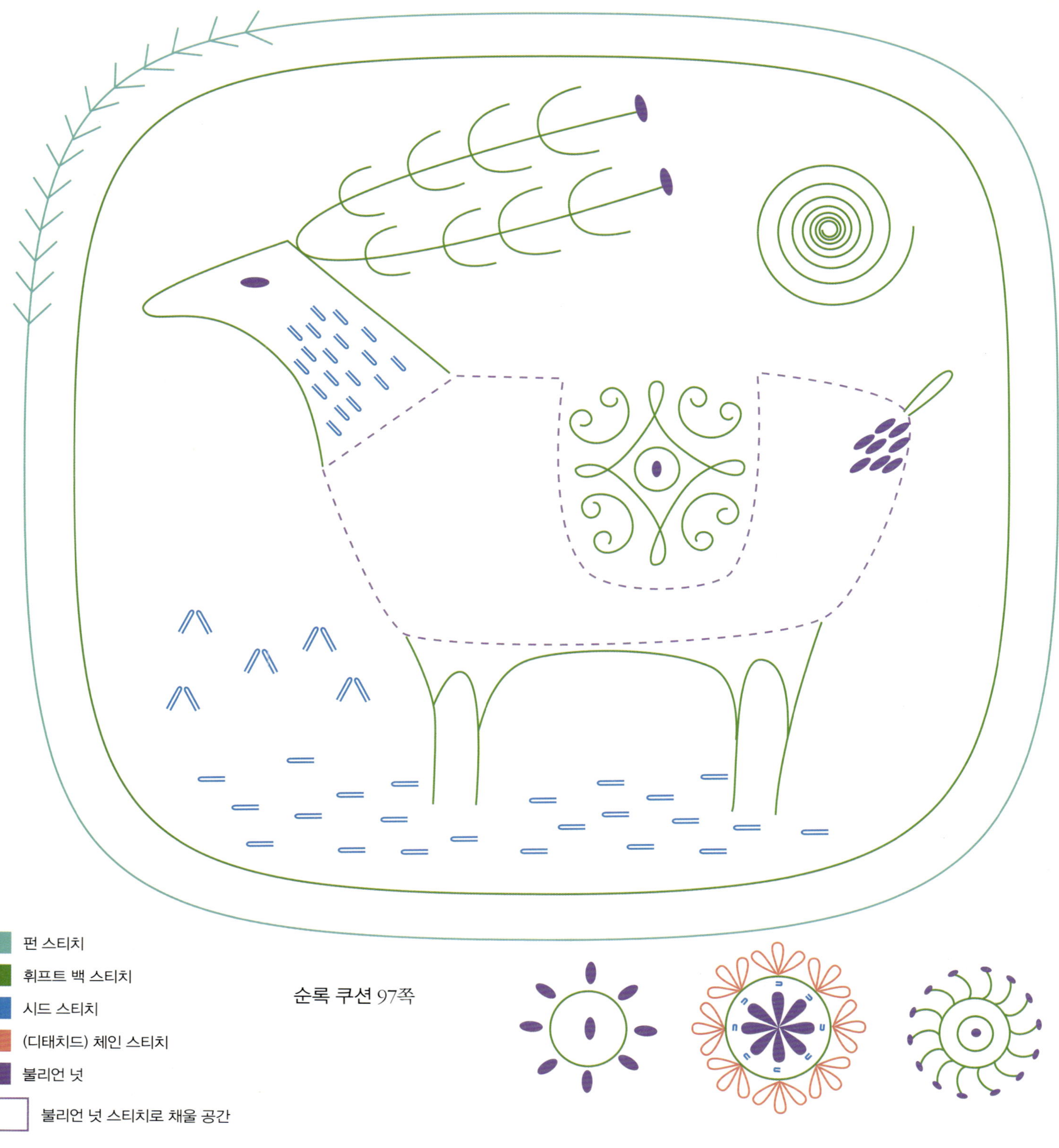

펀 스티치
휘프트 백 스티치
시드 스티치
(디태치드) 체인 스티치
불리언 넛
불리언 넛 스티치로 채울 공간
순록 쿠션 97쪽

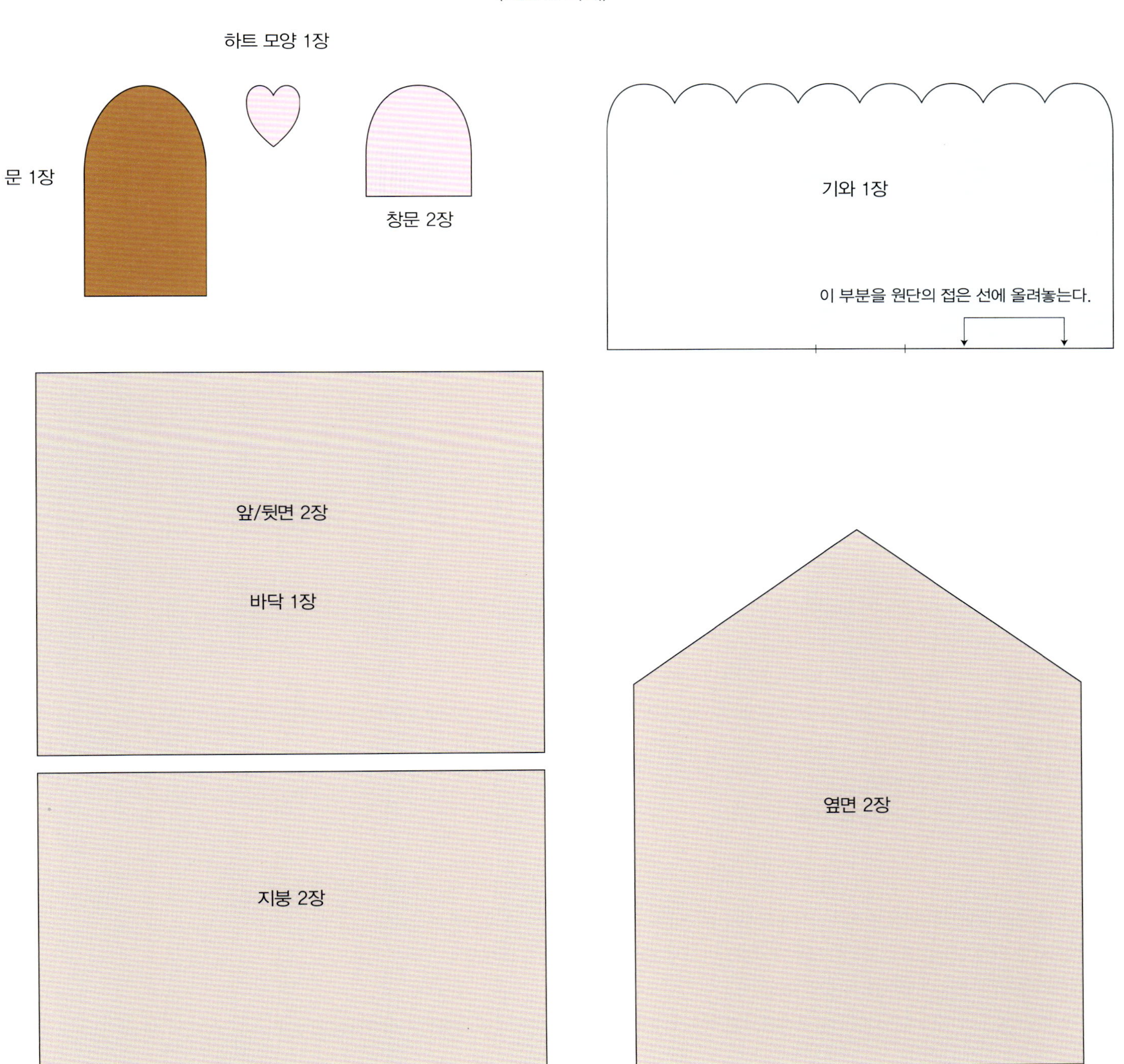

진저브레드 도어스톱 102쪽
(200% 확대)
하트 모양 1장
문 1장
창문 2장
기와 1장
이 부분을 원단의 접은 선에 올려놓는다.
앞/뒷면 2장
바닥 1장
지붕 2장
옆면 2장

참여한 사람들

작품에 참여한 사람들

엠마 하디: 반짝거리는 새 카드, 크리스마스 양말 카드, 진저브레드 도어스톱

애니 리그: 마지팬 크리스마스 인형, 진저브레드 하우스, 레브쿠헨, 오너먼트 쿠키, 머랭 눈꽃

로라 테이버: 단추 모양 쿠키, 초콜릿 동전, 스테인드글라스 쿠키

미아 언더우드: 크리스마스 코로넷

캐서린 워럼: 폼폼 장식, 펠트 모티프 카드, 감자 스탬프 선물 포장, 스노 글로브

클레어 영스: 재림절 달력, 크리스마스 양말, 종이 눈꽃, 틴 캔들 홀더, 크리스마스트리 장식, 춤추는 꼭두각시, 티라이트 하우스, 새 모양 틴 클립, 눈꽃 갈런드, 크리스마스 크래커, 개똥지빠귀 둥지 카드, 고무 스탬프 카드, 자수 선물 태그, 선물 주머니와 라벨, 선물상자, 단추와 종이로 만든 꽃, 패치워크 포장 & 카드, 북극곰 물주머니 커버, 페이퍼커팅 숲속 풍경, 꽃신, 순록 쿠션

촬영에 참여한 사람들

캐롤라인 아르버: 90-91, 97-99, 25-27, 30-33쪽

타라 피셔: 92-93쪽

조 헨더슨: 48-49쪽

리사 린더: 28-29, 24-27, 80-81, 86-87쪽

마틴 노리스(만드는 법 촬영): 20-21, 36-37, 57-59, 74-76, 84-85쪽

데비 패터슨: 102-105쪽

클레어 리차드슨: 64-65, 18-19, 20-21, 36-37, 57-59, 74-76, 84-85쪽

클레어 리차드슨과 제임스 가디너: 10-13, 22-24, 38-39, 40-42, 43-45, 60-61, 66-68, 77-78, 69-71, 94-96쪽

티노 테달디: 52-53, 54-56쪽

스튜어트 웨스트: 88-89, 100-101쪽

폴리 레포드: 34-35, 62-63, 72-73, 82-83쪽

크리스마스 시즌은 만들기를 위한 최적의 시기로 당신의 손길이 닿으면 독특한 장식과 선물이 완성된다.
사랑하는 사람을 위해 멋진 선물을 만드는 일부터 크리스마스 날 테이블을 장식하는 일까지
당신에게 영감을 줄 모든 아이디어가 이 책에 담겨있다.
멋지고 세련된 작품부터 재미나고 화려한 작품까지 모든 이의 취향과 연령, 스타일에 맞는 작품과 아이디어를 실었다.

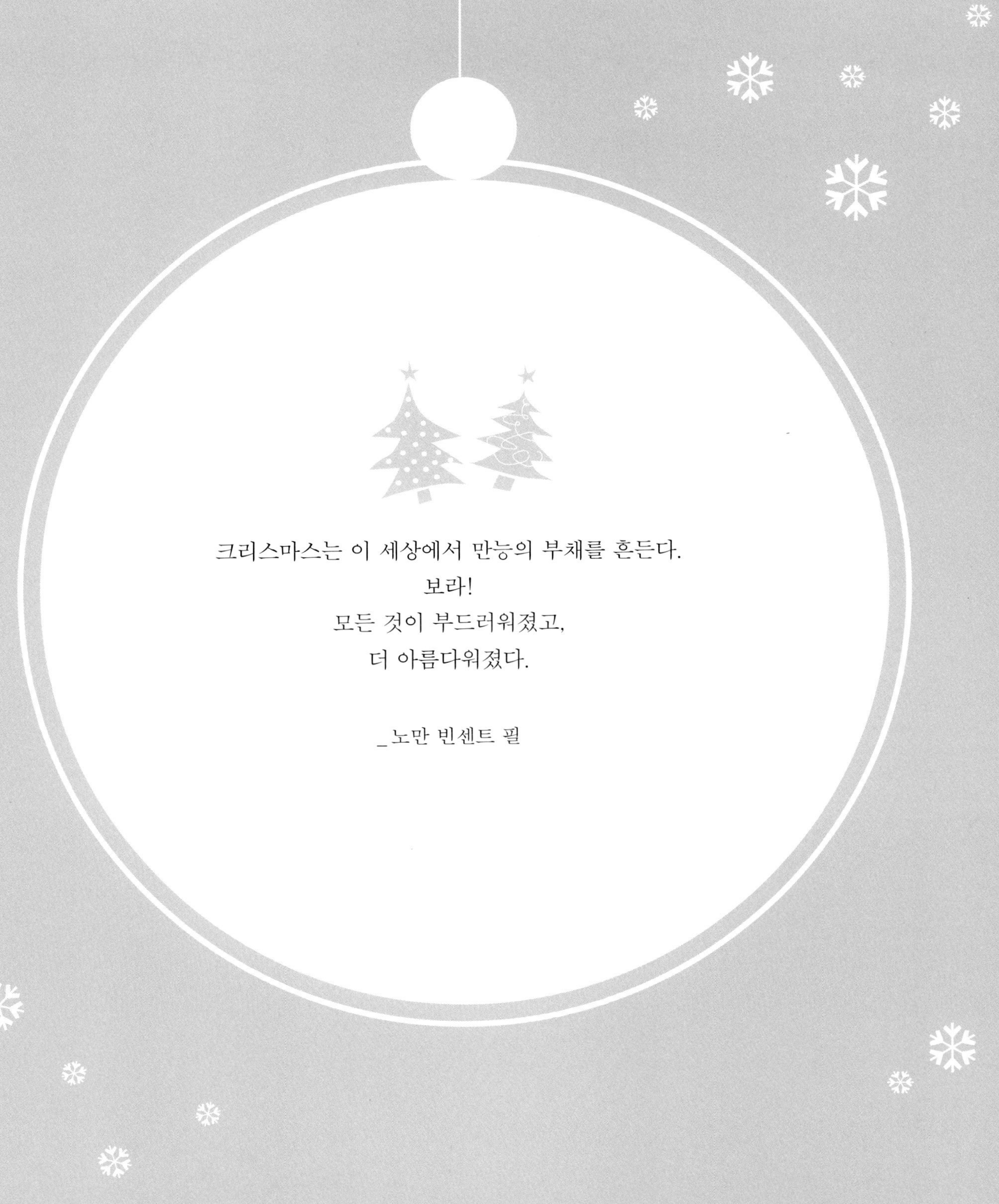

크리스마스는 이 세상에서 만능의 부채를 흔든다.
보라!
모든 것이 부드러워졌고,
더 아름다워졌다.

_노만 빈센트 필

옮긴이 정수진

이화여자대학교 영어교육학과를 졸업하고 외국계 기업에서 8년간 근무했다. 글밥 아카데미를 수료하고 현재 바른번역에서 전문번역가로 활동하고 있다. 역서로는 《비밀의 정원 힐링 자수》,《에콜로지스트 가이드 패션》,《킨포크 15》,《예수, 그 깨끗함과 진실함》,《아이주도 이유식》,《브릭원더스》,《쉬운 바느질》,《브릭시티》,《기독교인도 우울할 수 있다》,《천사의 시간》등이 있다.

쉽고 간단하게 만드는 행복한 크리스마스의 모든 것

핸드메이드 크리스마스

초판 1쇄 발행 2015년 11월 30일

지은이 CICO Books | **옮긴이** 정수진

펴낸이 민혜영 | **펴낸곳** 별빛책방
주소 서울시 마포구 월드컵북로 400 문화콘텐츠센터 5층 출판지식창업보육센터 8호
전화 070-4233-6533 | **팩스** 070-4156-6533
홈페이지 www.cassiopeiabook.com | **전자우편** cassiopeiabook@gmail.com
출판등록 2012년 12월 27일 제385-2012-000069호
디자인 조혜상

ISBN 979-11-85952-26-0
이 도서의 국립중앙도서관 출판시도서목록(CIP)은 서지정보유통지원시스템 홈페이지(http://seoji.nl.go.kr)와
국가자료공동목록시스템(http: //www.nl.go.kr/kolisnet)에서 이용하실 수 있습니다.
(CIP제어번호 : CIP2015031203)